The Belt and Road

中 国 土 木 工 程 学 会
中 国 建 筑 业 协 会　联合策划
中国施工企业管理协会

"一带一路"上的中国建造丛书
China-built Projects along the Belt and Road

A Golden Bridge Leading to the Indian Ocean：

The Myanmar-China Oil and Gas Pipelines
(Myanmar Section)

陈湘球　韩建强　主编

通往印度洋的金桥
——中缅油气管道（缅甸段）

中国建筑工业出版社

专家委员会

丁烈云　卢春房　刘加平　杜修力　杜彦良　肖绪文　张宗亮
张喜刚　陈湘生　林　鸣　林元培　岳清瑞　聂建国　徐　建

丛书编委会

主　　任：易　军　齐　骥　曹玉书
副 主 任：尚春明　吴慧娟　尚润涛　毛志兵　咸大庆
丛书主编：毛志兵
编　　委：（按姓氏笔画排序）

　　　　　王东宇　任少强　刘　辉　刘明生　孙晓波　李　菲
　　　　　李　明　李伟仪　李明安　李景芳　李秋丹　杨汉国
　　　　　杨健康　张　奇　张　琨　张友森　张思才　陈湘球
　　　　　金德伟　宗敦峰　孟凡超　哈小平　洪开荣　高延伟
　　　　　唐桥梁　韩　磊　韩建强　景　万　程　莹　雷升祥
　　　　　蔡庆军　樊金田

丛书编委会办公室

组　　长：赵福明
副 组 长：李　慧　刘　蕾　薛晶晶　赵　琳
成　　员：王　立　安凤杰　单彩杰　刘　云　杨均英　李学梅
　　　　　韩　鞠

本书编委会

主　编：陈湘球　　韩建强

主　审：李自林

成　员：关新来　　张羽波　　王　强　　李海平　　王治华　　李　勇

　　　　张雨诚　　卢文晓　　蔡　哲　　金鑫锐　　何恒远　　张　勇

　　　　张　哲　　夏东仑　　管雪鸥　　董　昕　　周德春　　陈　岩

　　　　张　鑫　　梁俊峰　　王延晖　　史朝峰　　何子延　　张继成

　　　　王世华　　关　越　　邹声强　　李顺成　　郭正中　　梁筱筱

　　　　李一见　　马　丛　　崔新鹏　　辛　行　　翁　艳　　宋海龙

　　　　刘支强　　李海姣　　韩　磊　　赵　琳

序

壬寅虎年新春，作为中缅油气管道首任总经理，我很高兴应邀为"一带一路"上的中国建造丛书《通往印度洋的金桥——中缅油气管道（缅甸段）》分册作序。此事不免使我想起2005年1月7日，也是在未有任何征兆情形下受命前往中国石油规划总院任职，主要任务是专门负责中缅油气管道的前期研究。白驹过隙，时光荏苒，如今算来已整整十七载。

中缅油气管道位势之重，无论对国家、对企业、对团队、对个人都是容不得任何闪失的重大考验。国家能源局前局长张国宝在《筚路蓝缕》书中写到："中缅油气管道十年磨一剑"，而我有幸接过了中缅油气管道的第一棒。从2005年调研始，由我与李自林、崔新华组成了三人筹备组，作为组长的我担起了班长职责。我在国内管道领域驰骋大半生，终与中缅油气管道结缘，能为祖国赴命出征，勇往直前，是我毕生的信念。

翻阅本书，我既感慨万千又浮想联翩。感慨的是，这样重大的工程终于有了国家层面的高度总结概述；浮想的是，当年建设情景又历历在目，心潮澎湃。

作为中缅油气管道的直接参与者，又是首任总指挥长，我深感肩上的重担与责任，不能辜负任何一方。中缅油气管道是"四国六方"合作的国际化项目，建设与运营依循国际惯例与商业模式，秉持"善意诚信、互利共赢"理念，坚持把安全生产放首位，实施精细化管理，重视本土化、国际化、专业化人才队伍建设。

我们为国出征、勇往直前；我们雷厉风行，决战决胜。中缅油气管道的建设是白手起家，各种条件极其困难，作为指挥长的我要统筹协调各方，又要积极稳妥推进管道建设，特别还要同国际上掣肘、捣乱、破坏的某些国家进行明里暗里的斗智斗勇。管道建设种种之难，特别是马德岛、若开山之难，但这遏阻不了勇毅顽强的中国石油人。我们攻坚克难，确保工期按计划执行，高质量建成中缅油气管道。

工程管理上，管理团队始终发挥大家的聪明才智，在异国他乡把不可能变成可能，让中国人的组织凝聚力在缅甸国土发出巨大能量。通过发挥专家作用，具体地段具体分析，攻克了一个又一个世界级难题。中缅油气管道另一大特点是注重"QHSSE"，即高度关注质量、健康、安全、公共安全和环境保护，使健康理念深入人心。给我触动最大的是，当一名中方员工出现突发状况马上需要输血抢救时，我们的队伍对每名员工的血型都一清二楚，立即给发病员工配送血浆，经多方努力终使其转危为安。

工程建设上，坚持开放原则，全球遴选优秀企业，保证了承包商、供应商和法律、审计、税务咨询机构等合作伙伴高素质、高品质。中国、印度、缅甸、美国、德国、英国、法国、阿联酋、泰国等国家的企业参与了项目。其中，226家缅甸企业直接参与了保险、运输、管道现场施工、驻地基建、社会援助等多个领域的事务。

工程质量是管道的生命。我们实施全过程质量管理，打造一条安全运营30年的高质量管道。中缅天然气管道工程荣获石油行业"优质工程金奖"、中国工程建设领域最高奖"鲁班奖"和中国"国家优质工程金奖"，实现了工程质量"金奖全满贯"；中缅原油管道工程荣获石油行业"优质工程金奖"，原油码头与航道工程获得"国家优质工程奖"。

陈毅元帅曾作《赠缅甸友人》："我住江之头，君住江之尾。彼此情无限，共饮一江水。"热情讴歌了中缅两国人民间胞波情谊。历经十余年发展，中缅油气管道已成为"一带一路"倡议先导示范项目，成为中缅两国经贸合作的典范，成为巩固发展中缅两国"胞波"友谊的经典案例。

中缅油气管道之成功，感谢祖国的强大支持、中石油集团的正确领导和每一名参建员工家庭的无私奉献，正因为有这样的合力才能使全体工作人员无怨无悔、砥砺奋进、勇往直前。

同时感谢书稿组委会和编辑团队，是他们通过归纳、总结和编辑，让静卧异国他乡土地上的钢铁"作品"有了温度，翰墨流芳。

2022年2月于北京

Preface

As the first General Manager of the Myanmar-China Oil and Gas Pipelines, I am delighted to be invited in this Chinese New Year of the Tiger to write the preface for *A Golden Bridge Leading to the Indian Ocean*: the *Myanmar-China Oil and Gas Pipelines (Myanmar Section)*-the Myanmar sub-volume of *The China-built Projects along the Belt and Road*. This reminds me of January 7, 2005, when I was assigned to work in the China Petroleum Planning Institute (CPPEI), in responsible for the preliminary research of the Myanmar-China Oil and Gas Pipelines. How time flies! Seventeen years has already passed.

The Myanmar-China Oil and Gas Pipelines are so important that it's a major test with no tolerance to any mistakes, whether for the country, enterprises, working teams, or individuals. Zhang Guobao, the former Director of the National Energy Administration of China, wrote in the book *The Road through Hardship*, "The Myanmar-China Oil and Gas Pipelines have made a dozen years of efforts for this day." Fortunately, I have taken over the first baton of the Myanmar-China Oil and Gas Pipelines. Since the investigation in 2005, I together with Li Zilin and Cui Xinhua formed a three-person preparatory team. As the team leader, I took on the responsibility. I have been associated with the Myanmar-China Oil and Gas pipelines after have been working in the domestic pipeline field for most of my life. I can only move forward bravely to complete the entrustment of the motherland. This is also my lifelong belief.

Such a major project finally has a national-level summary and overview. When I read *A Golden Bridge Leading to the Indian Ocean: Myanmar-China Oil and Gas Pipelines (Myanmar Section)*, the scene of its construction back then was vividly in my mind.

As a direct participant of the Myanmar-China Oil and Gas Pipelines and the first commander-in-chief, I deeply felt the heavy responsibility that I could not let any party down. The China-Myanmar Oil and Gas Pipelines is an international project co-operated by "six parties from four countries". Its construction and operation follow international conventions and business models, adhere to the concept of "good faith, mutual benefit and win-win", insist on safety first, implement refined management, and attach importance to cultivate a localized, internationalized and professional team.

We go forward bravely and act vigorously to overcome all kinds of difficulties during the construction of the Myanmar-China Oil and Gas Pipelines. At that time, Myanmar was in poor condition and could only provided limited material supports for the project. As the commander, I had to coordinate all parties, struggle with some Western sabotaging powers in order to actively and steadily push forward the construction of the pipeline. Difficulties facing the pipeline construction, especially those in Made Island and Rakhine Mountains, cannot stop the courageous and tenacious Chinese oil workers. We overcame all the difficulties and ensured the Myanmar-China Oil and Gas Pipelines was built with high quality in due period as planned.

The management team has always used everyone's ingenuity to make the impossible possible in a foreign country, demostrating the huge organizational cohesion of the Chinese people on the land of Myanmar. By giving full play to the role of experts and analyzing specific issues, we have overcome world-class dificulties one after another. Another major feature of the Myanmar-China Oil and Gas Pipelines are that it pays great attention to quality, health, safety, security and environment (QHSSE). What touched me the most was that a Chinese employee needed a blood transfusion immediately in an emergency, and our team knew the blood type of each employee and immediately collected blood to distribute plasma to the sick employee. After joint efforts, his life was been finally saved.

We adhere to the principle of openness and select excellent companies from around the world to ensure the high quality of contractors, suppliers as well as legal, auditing, and tax consulting partners. Companies from China, India, Myanmar, the United States, Germany, the United Kingdom, France, the United Arab Emirates, Thailand and other countries have participated in the project. Among them, 226 Myanmar enterprises have directly involved in insurance, transportation, construction, resident infrastructure, social assistance and other fields of the pipeline.

Quality is the life of the pipeline. We implement whole-process quality management to build a high-quality pipeline that can operate safely for 30 years. The Myanmar-China Natural Gas Pipeline project has won the top three golden awards for engineering quality in China, namely, the "Gold Award for High-Quality Engineering", the "Luban Award" and the "National Gold Award for High-quality Engineering". The Myanmar-China Crude Oil Pipeline project has won the the "Gold Award for Quality Engineering" in the petroleum industry, while its crude oil terminal and waterway engineering has won the "National Quality Engineering Award".

Marshal Chen Yi once wrote the "Poem to Myanmar Friends", "We live along the upstream of the river while our Myanmar friends live along the downstream of the river. We drink water from the same river and be friendly to each other." He warmly praised the Paukphaw friendship between the people of China and Myanmar. After more than ten years of development, the Myanmar-China Oil and Gas Pipelines have become a pilot demonstration project of the "Belt and Road Initiative", a model of economic and trade cooperation between China and Myanmar, and a classic case of consolidating and developing the China-Myanmar Paukphaw friendship.

All in all, the Myanmar-China Oil and Gas Pipelines cannot make such a success without the strong support of the motherland, the correct leadership of CNPC and the selfless dedication of every employee's family involved in the project.

Finally, I would like to thank the organizing committee and the editorial team. Their diligent induction, summarization and editing have made the Myanmar-China Oil and Gas Pipelines, the "steel work" lying on the foreign land, more warm and charming.

Zhang Jialin
Feburary 2022 in Beijing

前　言

2021年3月，中缅油气管道（缅甸段）有幸入选《"一带一路"上的中国建造丛书》项目。作为中缅油气管道（缅甸段）的建设者和运营方，中国石油集团东南亚管道有限公司迅速成立了以公司副总经理李自林为主审、东南亚天然气管道有限公司总裁陈湘球、东南亚原油管道有限公司总裁韩建强为主编的领导小组，并组建了专门的编写组，确保了本书编写工作的顺利完成。

近年来，中缅油气管道（缅甸段）荣获国家优秀工程设计金奖、国家鲁班奖和国家优质工程金奖，实现了工程设计、建设质量国家级、部级金奖"全满贯"，树立了中资海外项目的良好形象。中缅油气管道（缅甸段）大幅提升了缅甸油气长输管道建设和管理水平，带动了中国工艺、技术和标准走向国际市场，不仅为中缅两国携手建设命运共同体增添了一笔浓墨重彩，在推动中国与东南亚区域经济协同发展乃至"一带一路"建设的互利合作中都具有"标杆效应"。

本书共分为"综述""项目建设""成果总结及经验交流"以及"合作共赢与展望"四个部分。"综述"从宏观层面介绍了项目的前期酝酿与决策过程、商务合作模式以及多层次意义，呈现了项目的总体概况。"项目建设"从微观层面展开，以图文并茂的方式展现了中缅油气管道（缅甸段）实现高标准建设和运营的来之不易。"成果总结及经验交流"结合中缅油气管道（缅甸段）的建设和运营实际，总结了项目在管理和技术成果、媒体应对、社会援助、风险防范等方面的成果和经验，以期为未来更多中资企业境外项目的顺利落地和运营提供有益的参考与借鉴。"合作共赢与展望"在深入剖析缅甸的天然气、石油市场现状与发展前景的基础上，展望了中缅两国在能源领域拓展合作的可行路径。

中缅油气管道（缅甸段）的建设和运营充分展现了中国技术、中国建造和中国管理的风采，是诸多中资境外互利共赢合作项目的鲜活缩影，理应被更多人熟知和了解。本书的编写得到了中石油国际管道公司、中国土木工程学会、中国建筑业协会、中国施工企业管理协会、中国建筑工业出版社和云南大学缅甸研究院的大力支持和帮助，在此一并感谢。期望本书的问世，能为"一带一路"和人类命运共同体建设贡献绵薄之力。

Foreword

In March 2021, the Myanmar-China Oil and Gas Pipelines (Myanmar Section) was honored to be one of the first projects selected for *China-built Projects along the Belt and Road*. As the builder and operator, CNPC Southeast Asia Pipeline Co.,Ltd. quickly established a leading group and a writing group to ensure the smooth completion of this book. Mr. Li Zilin, the company's Deputy General Manager, served as the Chief Reviewer, while Mr. Chen Xiangqiu, the President of Southeast Asia Natural Gas Pipeline Co.,Ltd., and Mr. Han Jianqiang, the President of Southeast Asia Crude Oil Pipeline Co.,Ltd., served as editor-in-Chief for this book.

In recent years, the Myanmar-China Oil and Gas Pipelines (Myanmar Section) has won all the national and ministerial gold awards for engineering design and construction quality, including the National Gold Award for Excellent Engineering Design, the National Luban Award and the National Gold Award for High-quality Engineering, which helps to establish a good image of Chinese-funded overseas projects. The Myanmar-China Oil and Gas Pipelines (Myanmar Section) has greatly improved the construction and management level of Myanmar's long-distance oil and gas pipelines, and has driven Chinese technology and standards to gain a foothold in the international market. It has not only benefited to the building of a Community with a Shared Future for China and Myanmar, but also brought a "benchmark effect" in the mutually beneficial cooperation between China and Southeast Asia, as well as the implementation of the Belt and Road Initiative.

This book includes four parts. The "Overview" introduces the preliminary preparation and decision-making process, business cooperation mode and multi-level significance of the Myanmar-China Oil and Gas Pipelines (Myanmar Section) from the macro level. The "Project Construction" shows its hard-won achievements with pictures and texts at the micro level. The "Achievements and Experiences" summarizes the project's accomplishment in management and technic, media response, social assistance and risk prevention, hoping to provide useful reference for more Chinese funded overseas projects in the future. The "Win-win Cooperation and Prospects" explores the future for expanding China-Myanmar energy cooperation, based on an in-depth analysis of Myanmar's natural gas and oil market.

The construction and operation of the Myanmar-China Oil and Gas Pipelines (Myanmar Section) fully demonstrates the advancement of Chinese technology, Chinese Construction, and Chinese management. This project is a vivid epitome of many Chinese-funded overseas mutually beneficial cooperation projects. This project should be known by more people at home and abroad. Finally, sincere thanks must be given to SINO-Pipeline International Company Ltd., China Civil Engineering Association, China Construction Industry Association, China Construction Enterprise Management Association, China Construction Industry Press and Institute of Myanmar Studies at Yunnan University, for their great support to the compilation of this book. We hope that the publication of this book will contribute to the implementation of the Belt and Road Initiative and the building of a community with a shared future for humankind.

目 录

Contents

第一篇

综　述

中缅油气管道是两国友好的重要成果和有力见证，是"一带一路"倡仪的先导示范性工程。本篇介绍了中缅油气管道的简况、项目落地国缅甸的国情、管道的商务运作模式以及管道对中缅两国的重大意义。

The Myanmar-China Oil and Gas Pipelines is an important achievement as well as a strong testimony of the friendship between the two countries. It is also a demonstration project for the Belt and Road. This part gives a brief introduction of the Myanmar-China Oil and Gas Pipelines, national conditions of Myanmar where the pipelines located, the commercial operation mode of the pipelines, and the significance of the pipelines to both Myanmar and China.

022-045

Part I

Overview

第一章　项目简介
Chapter 1　Project Introduction

中缅油气管道项目是我国实现油气进口多元化的战略性工程，是缅甸境内重要的能源动脉和基础设施，是中缅两国建交60周年的重要成果和结晶。作为"一带一路"倡议的先导示范性工程，中缅油气管道项目进一步树立了我国与缅甸乃至东南亚地区油气合作的样板，为中缅两国携手共建新丝路增添了一笔浓墨重彩，在推动中国与东南亚区域经济协同发展乃至更广泛领域的互利合作中具有"标杆效应"。

中缅油气管道项目是典型的国际合作项目，由中国、缅甸、韩国、印度4个国家的6个公司共同参与投资，包括中缅原油管道、中缅天然气管道和配套的原油码头工程 [参见图1-1：中缅油气管道（缅甸段）线路走向示意图]。经过5年前期筹备，在两国领导人的见证下，中缅油气管道项目于2010年6月3日正式开工建设。中国石油建设者克服了地区局势复杂、社会依托条件差等多重困难，成功建设了一条优质、安全、环保、绿色的管道。中缅天然气管道和原油管道分别于2013年和2018年进入商业运营以来，更加彰显项目"国际合作规范、经济效益优良、互利共赢典范"的示范效应。2021年1月17日央视《新闻联播》头条新闻报道："中缅油气管道项目是'一带一路'先导工程，被称作互利共赢的国际化范本。"随着互利共赢的价值越来越凸显，中缅油气管道项目将对构建中缅命运共同体和"一带一路"沿线建设发挥越来越重要的示范和引领作用。

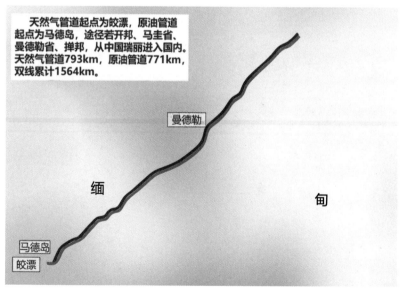

天然气管道起点为皎漂，原油管道起点为马德岛，途径若开邦、马圭省、曼德勒省、掸邦，从中国瑞丽进入国内。天然气管道793km，原油管道771km，双线累计1564km。

曼德勒

缅　　　　　甸

马德岛
皎漂

图1-1　中缅油气管道（缅甸段）线路走向示意图

一、中缅原油管道工程

中缅原油管道起点为缅甸西海岸的马德岛,途经若开邦、马圭省、曼德勒省、掸邦,经中国云南省瑞丽市进入中国境内。缅甸境内原油管道全长771km,管径813mm,一期工程输油量1300万t/年,二期增加到2300万t/年,缅甸境内预留分输口,设计分输量200万t/年。

2015年1月30日,中缅原油管道工程试投产。马德岛港成功开港投运,并接卸第一艘来自中东的"新润洋"号油轮,标志着缅甸境内首座大型现代化国际原油卸载港正式运行。2017年4月10日,中缅原油管道运输协议在两国领导人的见证下正式签署,中缅原油管道工程正式投运;5月2日,中缅原油管道启输进油;5月19日,油头经过中缅管道南坎计量站到达中国,标志着中缅原油管道投产首次成功。截至2021年底,马德岛累计靠泊油轮182艘,接收原油4674万t,向中国运送4600万t。

二、中缅天然气管道工程

中缅天然气管道工程起点为缅甸西海岸兰里岛,与原油管道并行敷设,经中国云南省瑞丽市进入中国境内。缅甸境内管道全长793km,管径1016mm。一期工程输气量为52亿m³/年,二期工程增加到120亿m³/年。天然气管道在缅甸境内设置皎漂(参见图1-2:皎漂首站)、仁安羌、当达和曼德勒四个天然气分输站,按照协议,每年可为当地输送20%管输量的天然气。

图1-2 皎漂首站

天然气管道于2013年5月28日全面建成，7月28日成功实现向中国境内供气；截至2021年底，天然气管道累计向中国输气336亿m³，为缅甸输送天然气67亿m³。

三、30万t级原油码头与航道工程

中缅油气管道项目在缅甸西海岸的马德岛港配套建设了一座30万t级原油码头和38km航道（参见图1-3：位于缅甸西海岸的马德岛港）。

30万t级原油码头主要包括1个原油码头泊位，设计船型为30万t级，兼顾15万t级，设计接卸能力为2200万t/年。码头长度482m，前沿水深-25m，由12个直径18m的圆沉箱构成。码头设2座靠船墩，间距110m；系缆墩6座；码头卸油平台长40m，宽40m。

航道工程东起原油码头港池，西至皎漂主岛西北侧的天然深水区，包括马德岛航道、月牙岛航道和外航道，总长38km。其中马德岛航道长5.3km，有效宽度360m；月牙岛航道长6.5km，有效宽度360m；外航道长26.2km，有效宽度320m。航道总疏浚工程量为2019万m³，扫海面积29km²。

与原油码头配套的工作船码头，位于原油码头以南岸线，码头长150m，宽度为50m，前沿水深为-8.5m，可停靠5000t级船舶；与原油码头配套的水库，总库容65万m³，调节库容55万m³。

图1-3　位于缅甸西海岸的马德岛港

第二章　国家概况
Chapter 2　Country Profile

一、缅甸地理情况

缅甸联邦共和国，简称缅甸，国土总面积为676578km²，占中南半岛总面积的1/3以上，是东南亚面积第二大的国家。

缅甸的形状像一块钻石，北部和东北部同中国西藏自治区和云南省接界，中缅国境线长约2186km；东部与老挝和泰国毗邻，西部与印度、孟加拉国相连；南临安达曼海，西南濒孟加拉湾，海岸线长3200km。

缅甸的首都内比都、第一大城市仰光和第二大城市曼德勒均位于东经96°，标准时间以东经96°为准，较格林尼治标准时间早6小时30分，比北京时间晚1小时30分。

二、缅甸自然环境

缅甸整个国土都在赤道以北，大部分地区在北回归线以南。缅甸地形较为复杂，地势北高南低，东、北、西部为境内三条平行的山脉，由北向南延伸，即西部山脉、勃固山脉和东部山脉。西部山区中海拔5881m的卡格博亚济峰，是缅甸也是东南亚地区的最高峰。缅甸的主要河流均为南北走向，如缅甸的"母亲河"伊洛瓦底江。这些山脉和河流把缅甸大致分为四个部分：西部的山地、东部的高原地区、若开沿海区和中部平原（伊洛瓦底江河谷地区）。

缅甸除西北地区的少数高山高原地区以外，一年可以分为凉、热、雨三个季节。凉季大约从11月中旬直至第二年3月初，除仰光以南地区月平均温度在25℃以外，其余地区多在15～22℃之间；从3月初开始到5月初为热季，月平均温度普遍在25℃以上，伊洛瓦底江中下游一般在30℃以上，最高温度可达40℃以上；5月中旬之后，缅甸开始进入雨季，全国普遍多雨，雨季常有热带气旋过境。与此同时，缅甸位于地中海–喜马拉雅火山地震带上，属于地壳运动较为频繁的地区，会发生不同级别的地震。缅甸的雨季、热带气旋和地震对中缅油气管道的施工影响较大。

缅甸是中南半岛自然资源和生物多样性最为丰富的国家之一。缅甸的矿藏资源和植物种类繁多，主要矿藏和林木品种有石油、天然气、玉石、宝石、柚木等。缅甸盛产宝石和玉石，不仅品种多，而且质量好，在全球享有盛誉；缅甸的柚木储量占世界总储量的85%～90%。

三、缅甸经济环境

缅甸全国有7个省、7个邦和1个联邦直辖区，分别为仰光省、曼德勒省、实皆省、勃固省、马圭省、伊洛瓦底省、德林达依省、克钦邦、克耶邦、克伦邦、钦邦、孟邦、若开邦、掸邦和内比都联邦直辖区。其中，缅甸首都所在地为内比都；"省""邦"同级，"省"是居民以缅族为主体的行政区，"邦"是居民以少数民族为主体的行政区。

缅甸历史悠久，民族和宗教众多，文化景观丰富多样。缅甸官方认可的民族有135个，主要包括缅族、克伦族、掸族、若开族、孟族、克钦族、钦族和克耶族等。2022年的缅甸总人口约为5417万人。华人华侨约250万。缅甸人信仰自由，其中信仰佛教人数最多，政府十分重视佛教和僧侣在国家治理中的影响和作用。

缅甸是一个农业国家，农业是国民经济支柱产业，农业人口占全国总人口的70%左右。由于复杂的原因，缅甸经济发展长期较为缓慢，尚处于联合国最不发达国家之列。缅甸主要出口货物包括大米、豆类、海产品、纺织品、橡胶、石油、天然气等。自2011年以来，缅甸政府大力推进经济改革，完善和出台了大量法律法规，如《外国投资法》《劳工组织法》《公司法》，不断优化招商引资环境，经济总体向好，充满发展机遇。

四、缅甸油气行业简介

石油和天然气是缅甸的主要能源，蕴藏量十分丰富。根据缅甸矿业部公布的数字，缅甸已探明的石油储量达6.96亿桶，已探明的天然气储量达4443.1亿m^3，其中位于陆地的天然气储量为481.1亿m^3，位于海上的天然气储量达3962亿m^3。但由于缅甸社会经济发展水平落后，能源基础设施不足、能源供需紧张、电力供应短缺等矛盾极为突出，在中缅油气管道项目未建成之前，缅甸天然气主要出口至印度、泰国等地。

自缅甸1988年开始吸引外资以来，外国对缅甸石油天然气业的投资逐渐增长，进入缅甸油气业的外资不仅来自东盟国家和邻国，也有来自欧洲、俄罗斯和澳大利亚的石油公司。目前，能源业已成为缅甸吸引外资最多的领域，天然气的生产和出口对缅甸外贸和GDP增长带动作用最大。

第三章　项目的前期酝酿与决策过程
Chapter 3　Project Pre-deliberation and Decision-making Process

中缅油气管道从昆明纵贯缅甸直抵印度洋,沐浴着"中缅通道"的历史荣光,在中缅合作共赢现实需求的基础上应运而生,已成为中缅两国共建命运共同体的重要纽带。工程从酝酿、研讨、论证、决策到最终建设投产,前后历经十余年,充分体现了中缅深化双边合作的决心、中国石油开拓进取的信心和管道建设者们负重前行的责任心。回顾项目的前期酝酿和决策过程,更能体会到中缅油气管道的历史厚重感和由蓝图变为现实的不容易。

一、和衷共济——中缅通道的历史荣光

《建国方略》是孙中山先生20世纪初的著作,集中体现了孙中山先生救国图强的思想。书中提到,中国南出印度洋最近的通道是滇缅路。第二次世界大战中,随着日军侵占越南,滇越铁路被迫中断,缅甸成为当时国际援华物资的唯一通道。1938年建成的"滇缅公路"成为中国与外部世界联系的唯一运输道路,为中国抗战胜利起到了生命补给线的作用。

石油是工业和战争的血液。二战期间,中国是个贫油国,维持抗战需要的油料高度依赖进口。随着日军对缅甸的占领,滇缅公路运输遭到阻断和干扰。中国驻印军队在缅北发起对日军的大举反攻后,为保障石油供给,中美缅印等国于1943年开始共同修筑长达3000余千米的石油管线,这条战时修建的"印缅中石油管线"从畹町进入中国境内,是中国第一条,也是当时世界上最长的一条军用石油管线。管线虽然简易,不能与现代意义上的油气管道相比,但它为中国抗日战争和全球反法西斯战争胜利提供了保障。据相关资料"自1945年4月起,每月由中印油管输入我国的油料为18000t,每天平均约输入600t。截至当年11月停止输油,7个月输入汽油、柴油、润滑油等油料约10万t,相当于滇缅公路用汽车运油一年半的数量,较之飞机空运之油量更为巨大。"这条输油管线,虽因战争结束而画上句号,仅仅存在了7个月,却发挥了不可磨灭的作用,对中国人民抗日战争和世界反法西斯战争有巨大意义。如今,在中国云南、缅甸、印度等地仍留存了不少该管线的遗迹,成为纪念抗日战争和世界反法西斯战争历史的直观参照物。

二、合作共赢——中缅管道的浴火重生

进入21世纪后，中国经济高速发展，对能源的需求急剧扩大，油气对外依存度上升。伊拉克战争的爆发使得中东地区油气出口受到严重影响。实现进口能源地和进口途径的多元化，以保障能源安全，成为中国实现可持续发展关注的重要事项之一。中缅原油管道因其技术可操作性相对较强、成本收益相对更具吸引力、有利于推动西南地区经济发展、深化与印度洋地区国家的合作等优势，从众多方案中脱颖而出，赢得两国政府的青睐。

几乎就在同一时期，缅甸发现"税气田"，中国、印度、泰国、日本、韩国等国纷纷向缅甸政府表明进口该气田天然气的意向。缅甸政府倾向于将天然气出口至中国、日本、韩国等市场，缅甸高层多次提出希望中方修建一条连接中缅的天然气管道。2005年9月28日，缅甸时任能源部长吴伦迪建议"中国在考虑原油管道的同时最好能一并考虑开展天然气管道问题"。2006年1月，缅甸时任总理梭温对中国进行国事访问时，中缅双方签订了一份天然气贸易备忘录，明确提到计划修建一条到达中国昆明的天然气管道。缅甸政府也曾考虑以液化天然气的方式将税气田所产天然气出口至日本和韩国市场，但该计划最终因欧美国家对缅经济制裁而流产。

经过前期多方酝酿和准备，中国政府将修建和运营中缅原油管道和中缅天然气管道的任务交予中国石油天然气集团有限公司（简称"中石油"）。随后，中石油与缅甸政府和税气田相关国际企业稳步推进后续工作。2007年3月，缅甸政府高层访华时，与中石油签订合作谅解备忘录，就AD-1AD-6AD-8区块气田产出分成达成协议。2007年6月，中石油与缅甸能源部签署《中缅天然气合作谅解备忘录》，明确了合作的基本框架。2008年9月初，中石油和缅甸方面进入商务谈判阶段，缅甸政府将管道的控股经营权交给了中方。2008年12月，中、缅、韩、印四国六方，即中石油、韩国大宇集团、印度石油天然气公司、缅甸石油和天然气公司、韩国天然气公社以及印度石油天然气公司在仰光签署《缅甸税气田项目出口天然气购销协议》，确定了缅甸西海岸若开盆地A1、A3两个区块的天然气输往中国。中石油与缅甸石油和天然气公司和韩国大宇集团签署三方协议，明确缅甸每年将向中国出口约52亿m³天然气，供应期限为30年。

2009年3月26日，中国国家发展和改革委员会（简称"中国国家发改委"）与缅甸联邦共和国电力和能源部（简称"缅甸能源部"）签署了《关于建设中缅原油和天然气管道的政府协议》。2009年6月，中缅双方签署了《中国石油天然气集团公司与缅甸联邦能源部关于开发、运营和管理中缅原油管道项目的谅解备忘录》。根据备忘录，中缅原油管道项目包括原油管道、储运设施及其附属设施，以及在缅甸马德岛建设码头

等。双方同意由中石油设计、建设、运营和管理原油管道项目。同年12月，中石油与缅甸能源部签署了《中缅原油管道权利与义务协议》，明确了中石油作为控股方的东南亚原油管道有限公司在中缅原油管道建设运营中所承担的权利和义务。协议规定，缅甸政府保证东南亚原油管道有限公司的所有权和独家经营权，并保障管道的安全。东南亚原油管道有限公司同时享有税收减免、原油过境、进出口清关和路权作业等相关权利。

三、领导关怀——中缅管道顺利落地的有力保障

回顾中缅油气管道项目的决策与实施过程，两国政府的高度重视和领导人的关怀与支持是项目成功的政治基础与根本保证。在两国领导人的直接推动下，项目由构想变成了现实。根据统计，项目实施以来，国家相关领导先后见证过中缅油气管道重要协议的签署或访缅期间听取过中缅管道情况汇报；吴登盛、吴年吞等缅甸国家领导人也先后视察过中缅油气管道施工现场。中石油党组层面，20余次专题研究项目重大问题。

第四章　项目多国股权下的商务合作

Chapter 4　Business Cooperation under Multi-national Equity

一、合资公司实体运作

非法人的合资企业和具有独立法人资格的合资公司是海外油气投资的两种常见模式。为契合项目的实际特点，中缅天然气管道项目合作方经过对法律框架、融资投资载体、项目资产所有权、税收、风险分配及责任限制五个方面的综合考虑，同时充分借鉴中亚天然气管道等项目的经验，最终在运作模式上选择了设立具有独立法律资格的合资公司，在中国香港地区注册成立合资公司，随后在缅甸注册合资公司缅甸分公司。

经中、缅双方协商一致，中缅原油管道项目选择采用与天然气管道项目一样的运作模式。

二、中方主导的建设运营模式

确定以合资公司作为中缅天然气管道项目合作模式后，各方就管道建设运营应采用何种操作模式、作为大股东的中国石油应以何种方式负责建设运营等问题进行了深入商讨，并达成了"中国石油负责天然气管道设计、施工、运营和管理"的一致共识，但所有的承包商、供货商和服务商都需要通过国际招标来选择。

第一，合作各方签署了公司章程，后来又签署了股东协议，在缅甸境外（中国香港地区）注册成立合资公司，并在缅甸设立分公司。第二，不再签署运营协议，合资公司缅甸分公司直接负责中缅天然气管道和中缅原油管道的建设、运营、维护、维修和扩改建。第三，合资公司的股东按照股份享有相应比例的股权，董事会成员数量原则上也依据股东的股份多少等比决定。同时，为了保证小股东的权益，也给予股份不足10%的股东一个董事名额。合资公司的经营活动在股东大会、董事会的授权和管理下进行。公司总裁对合资公司日常生产经营管理事务负责。同时设立副总裁若干人、财务总监一人，协助总裁工作。第四，主要管理人员由大股东东南亚管道公司派出，合资公司向东南亚管道公司支付相应的人工成本。第二大股东享有派出一名副总裁参与公司管理的权利，东道国股东享有派遣高级顾问参与公司管理的权利。在工程建设期间，上述副总裁和高级顾问全程参与了项目的招标投标、工程建设管理。第五，不再设置运营委员会，小股东将通过股东大会和董事会对合资公司的经营活动进行监督和

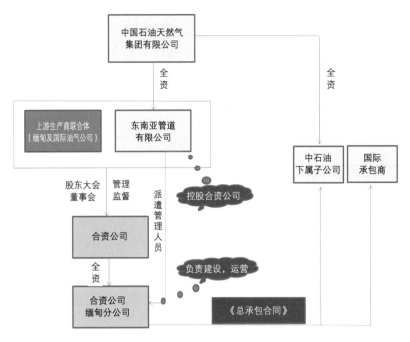

图4-1 中缅油气管道建设运营模式示意

管理（参见图4-1：中缅油气管道建设运营模式示意）。

经中、缅双方协商一致，原油管道项目选择采用与天然气管道项目同样的建设运营模式。

中缅油气管道项目筹备伊始，中国石油团队本着"诚信、善意、双赢"的要求，与各合作方在协议谈判、机制设置、目标设定等各方面协商推进，最大限度与各股东方凝聚共识，友好合作，互利共赢。中缅油气管道项目坚持国际化运作，建立了"四国六方"的国际化合作机制。项目起步阶段，坚持股权多元化和股权国际化，抓住2008年亚洲金融危机之后国际局势的有利时机，加快合作谈判，形成了利益共享、风险共担的国际化多方合作模式。国际合作项目的商务模式设计关乎项目成败。中国石油团队恪守谈判底线，及时完成了权利义务协议、股东协议、运输协议等一批重要协议的谈判和签署工作，成功锁定了项目及商务模式。在国际化股权结构基础上，争取到了由中国石油主导管道设计、建设和运营，合资公司董事长、总裁和首席财务官由大股东提名人担任并可以连任，形成了中方主导、利益共享、风险共担的国际化多方合作架构，为项目顺利实施和平稳运营打下坚实基础。同时，强化风险管控，通过开展商务模式研究与比选，油气两个合资公司最终选择在中国香港地区注册成立，并在缅甸设立分公司，极大规避了缅甸受欧美制裁的风险。坚持国际公开招标，择优选择EPC总承包商、施工承包商、材料和设备供货商、律所、审计事务所和税务咨询机构等合作伙伴，确保国际化规范运作，不断提升合规管理水平。中缅油气管道项目在筹划、建设实施和合规运营中，很好地践行了"一带一路"倡议中的共商共建共享理念。

三、股东结构和股权比例

2005年7月4日，中国国家发改委与缅甸能源部签署了《关于加强能源领域合作的框架协议》，为中缅油气管道项目的实施奠定了基础。2007年3月14日，中国石油天然气集团公司与缅甸能源部签署了《关于缅中原油管道项目合作谅解备忘录》，达成原油管道由双方合资建设的共识。

与此同时，在竞争A1、A3海上区块天然气失败后，韩国、印度生产商希望能参与到中缅天然气管道项目中来，缅甸能源部作为东道国出于补偿和平衡国际关系的考虑也积极支持其参与其中。经过综合考虑，中方同意由中、缅、韩、印"四国六方"共同投资天然气管道项目。

2009年3月26日，中华人民共和国政府与缅甸联邦政府签署了《关于中缅油气管道项目的合作协议》，双方同意"中国石油天然气集团有限公司作为中缅油气管道的控股方，负责管道设计、建设、运营和管理，其他各方以参股投资的方式参与项目"。两国政府还约定，中国石油在天然气管道项目中占50.9%股份，卖方联合体占49.1%（参见图4-2：中缅天然气管道六方占比示意）。

经相关方磋商，中缅原油管道项目股比参照天然气管道项目，中方占50.9%，缅方占49.1%。

2009年6月16日，中国石油天然气集团有限公司与缅甸能源部签署了《关于开发、运营和管理中缅原油管道项目的谅解备忘录》。经过近一年的反复谈判磋商，中国石油下属东南亚管道公司先后在2010年6月3日、7月27日与合作方签订了《东南亚原油管道有限公司股东协议》和《东南亚天然气管道有限公司股东协议》，以协议形式正式确定了中方在两家合资公司均占50.9%股比。该协议也对合资公司股份转让事宜做出了一系列限制，包括股份出让方和受

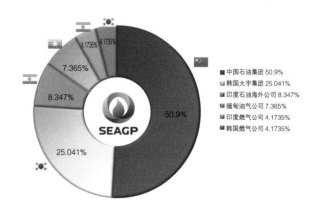

图4-2　中缅天然气管道项目六方占比示意

让方在出让后的股比不能低于10%、合资公司股东对出让的股份具有优先购买权以及股份转让不得违反任何授予公司的许可或批准或任何原油运输项目文件等。这些条款的设定，为中缅油气管道项目顺利建成和安全平稳运行奠定了坚实的制度保障。

四、公司治理结构

2010年5月25日、6月21日，中缅原油和天然气合资公司依据中国香港地区公司条例先后制定了公司章程，对公司性质、股份及股份转让、股东大会、董事、备任董事、董事会会议、主席和秘书以及通知等重大事项进行了规定。

从2009年3月起，各方以韩国大宇集团参照缅泰天然气管道项目起草的股东协议初稿为基础进行了一系列讨论和修改。2010年6月3日，中、缅双方正式签署了《东南亚原油管道有限公司股东协议》；7月27日，中、缅、韩、印"四国六方"正式签署了《东南亚天然气管道有限公司股东协议》，公司治理结构框架得以最终确定。原油和天然气合资公司采用"两会一层"架构，即股东大会、董事会和包括一位总裁、四位副总裁和一位财务总监在内的公司高管层。股东大会对公司重大事项进行决策，各股东按出资比例行使权利；董事会负责指导并监管公司，向股东大会负责；总裁负责公司经营业务管理，向董事会负责。

五、过境费和路权费

（一）过境费

过境费即过境关税，是过境国对过境物资所有者征收的一种税。只有过境国同意，石油和天然气产品才能从产地到达市场进行销售；过境国期望能在其允许销售实现的过程中获得一定利益。

过境费可以现金支付，即按照一定的费率（$/1000m^3$或者$/t$）和过境量进行计算；也可以实物支付，即按照过境资源量的一定比例进行计算。过境费的实现形式，即过境国政府征收过境费的途径，主要包括：①直接以现金征收；②以管道输送资源形式征收；③低价格购买资源；④对资源的买断再销售获取利润。过境费的征收水平并非一成不变，往往是谈判的结果，其确定依据主要基于管线的竞争力、下游用户的承受能力和过境国的期望值。

从近年来俄罗斯与乌克兰有关天然气管道过境费的纷争可以看出，过境费问题非常复杂，投资方必须对过境费问题给予足够的重视，避免给未来项目合作乃至国家间关系留下纷争隐患。为了更好地掌握跨国管道过境费的概况，中国石油仔细研究了相关跨国管道过境费水平。在此基础上，以中国石油为首的投资方与东道国代表缅甸能源部就过境费问题展开艰苦谈判，最终约定东南亚原油管道有限公司向缅甸油气公司支付的原油管道过境费率。

（二）路权费

根据缅甸土地相关法律，缅甸土地为国家所有，村民对其中部分土地享有永久使用权。公司在项目前期与缅甸政府签署了《权利与义务协议》。该协议规定，公司每年向缅甸政府缴纳一定的路权费，享有管道在缅甸国土上通行的权利，缅甸政府对管道安全、管道施工及生产运行维护、土地征收征用及相关赔偿补偿等事宜提供支持和协调。

缅方最初提出，中缅油气管道路权费参考缅泰天然气管道的路权费水平测算。而中国石油投资方认真研究了各跨国管道路权费标准认为简单参考缅泰管道的长度和管径计算出的路权费水平既不科学，也不符合国际惯例。此外，中缅油气管道是合资项目，利好于缅甸的经济社会化发展。

为此，投资方依据以下五个方面的理由，向缅甸政府提出减征路权费。

第一，中缅油气管道项目大部分是临时征地，可允许农民在不影响管道安全运行的原则下，在管道附近继续种植农作物，不完全占用土地，应减征路权费。

第二，中缅油气管道项目投资规模巨大，仅税收方面为缅甸政府带来的收入就要远大于缅泰管道，缅甸政府理应对本项目给予更加优惠的路权费政策。

第三，缅甸对国内公司不征收土地使用费，缅甸国有企业缅甸油气公司参与项目合资，合资公司应享受与国内公司同等待遇。另外，根据缅甸政府鼓励外国投资的政策，中缅油气管道也应获得更优惠的政策，减征路权费。

第四，中方购买缅甸的天然气资源，可促进缅甸国际油气贸易、增加外汇收入；原油管道也为缅甸进口原油和保证国内油品稳定供应提供了便利。

第五，管道贯穿缅甸南北，在建设过程中要修路、架桥，可以改善沿线基础设施，带动沿线各地经济的发展。

在路权费的谈判过程中，中缅油气管道项目中国石油投资方始终坚持立场，积极利用跨国管道路权费案例以及项目为缅甸带来的巨大间接收益，说服缅方降低路权费水平。最终，缅方和投资方在《权利与义务协议》中约定了路权费金额及支付时间和方式，并且约定在《权利与义务协议》有效期内，路权费不会增加。

第五章 项目成功建设的意义
Chapter 5 Significance of the Project

历经十余年发展，中缅油气管道项目已成为中国石油在缅业务发展的重要平台，成为"一带一路"倡议和"中缅经济走廊"建设的先导示范项目和中缅两国友谊桥梁和经贸合作典范。

一、项目对缅甸的意义

缅甸各届政府对中缅油气管道项目均给予了大力支持和高度认可。缅甸前总统吴登盛曾公开表示，中缅油气管道项目是两国互惠共赢的重要项目。缅甸各届政府和民众均已充分感受到了中缅油气管道项目带来的巨大经济利益和社会贡献。中缅油气管道项目不仅可以直接满足缅甸社会经济发展对能源的需求，而且为缅甸政府带来税收、过境费、路权费、企业分红等直接经济收益。此外，项目施工和运营过程中，大量雇用当地员工，促进了缅甸的社会就业。通过培训基金，提升了当地劳动力素质；通过实施社会援助和救济项目，帮助和带动了管道沿线社会和经济的发展。

（一）提高了缅甸的供电保障能力

中缅油气管道也是缅甸的能源动脉。根据合作协议，缅甸在其境内可从中缅油气管道下载管输量20%的天然气和200万t的原油，用于缅甸国内天然气发电厂、钢铁厂、玻璃厂等工业和民用需求。这些油气下载量有力提高了缅甸的供电保障能力。

2013年9月7日，在中缅天然气管道投产40天后，皎漂首站就实现了临时分输，向缅甸的天然气发电厂供气，有效缓解了当地电力紧张的局面。周边居民的可保障用电从3~4h/d，一举增加到全天24h不间断。相较于以往的柴油发电，居民的用电开支也出现大幅降低。

目前，中缅天然气管道在缅甸境内设立的皎漂、仁安羌、曼德勒、当达4个天然气分输站已全部投用。天然气管道在高峰期每天可为当地下载270万m^3天然气用于发电。这些电源通过高压输电线路，并入缅甸国家电网（参见图5-1：使用管道分输天然气发电的敏建发电厂）。在中缅油气管道起点所在的皎漂地区，各个村镇均实现了通电。在中缅油气管道项目建设前，这是当地百姓所不敢想象的美好愿景。

图5-1　使用管道分输天然气发电的敏建发电厂

（二）促进了缅甸的经济发展

中缅油气管道为缅甸政府和当地股东带来巨大经济效益，中缅天然气管道的建成解决了缅甸天然气下游市场难题，实现了出口创汇。缅甸政府从中获得的企业所得税、路权费、过境费、股东分红、股东贷款利息、教育培训基金、印花税、个人所得税、执照费、手续费等可观经济收益，直接带动了经济和社会的发展。

中缅油气管道项目立足缅甸本地物资供应与服务市场，优先考虑缅甸本土企业，培养本地工程分包商、材料供应商和服务商。项目启动至今，共有226家缅甸企业参与项目建设和运营保障，涉及材料、设备、办公设施、生活物资、安保、法律咨询等多个领域。据不完全统计，项目各种本地采购约占项目总投资的1/4，仅采购本地运输服务的金额就超过2500万美元。此外，项目在缅甸开展的社会公益项目也全部由本地承包商完成，承包合同金额达2500多万美元。中缅油气管道项目极大地带动了缅甸的工程建设和服务承包业的发展。

截至2021年年底，中缅油气管道项目累计为缅甸贡献的直接经济收益超过10亿美元，有力带动了缅甸经济和社会的发展。随着下游用户增加、用气需求不断攀升，中缅天然气管道为当地电力、钢铁等工业发展持续提供了天然气资源保障。原油管道的建成投运则充分带动了缅甸下游的石油炼化、储运和销售产业发展。以中缅原油管道工程投运为契机，中缅双方也将积极推动有关力量在缅开展石油化工园区建设，为缅甸经济发展提供了新动能。中缅油气管道项目的"能源经济"效应外溢到缅甸的其他经济领域，辐射价值不断提升。

（三）拉动了缅甸的就业

大量缅甸企业和员工参与中缅油气管道项目的建设和运营工作。项目带动了一批当地物资供应商和技术服务商的业务稳定发展，有力拉动了缅甸的就业，并为缅甸能源领域技术人才的培养做出了积极的贡献。

在中缅油气管道的建设期，先后有220多家缅甸企业参与工程建设。项目在缅甸当地的用工累计超过290万人次，在施工阶段高峰期，缅甸当地用工一度达到6000多人。随着项目投入运营和进一步发展，公司遵照缅甸外商投资法规定，继续提高员工本地化、国际化水平，现有当地雇员800余人，占员工比例80%。

中缅油气管道项目持续努力培养一支优秀、专业的当地员工队伍，尤其注重对当地青年人才的培养，不断提升缅籍员工在管理和技术岗位的比例。早在工程建设期，项目就选派了58名缅籍大学生到仰光和中国石油院校学习先进的理论知识和实践经验。2016年，6名缅籍员工经职业培训取得焊工资格认证（参见图5-2：公司缅籍员工焊工培训班毕业考试）。2017年，项目与当地技术学校联合举办培训班，16名缅籍员工在完成培训后顺利获得电气操作许可证。2018年6月，项目选派前往中国国内院校攻读硕

图5-2　公司缅籍员工焊工培训班毕业考试

士学位的2位缅籍员工学成归来，回到管理岗位；同年，4名缅籍员工取得焊工资格认证。此外，在经验丰富的技能专家"传、帮、带"的模式下，一大批缅籍员工在工作中快速成长，成为能独当一面的技术人才。

（四）改善了管道沿线的民生

中缅油气管道项目始终把支持公益事业和开展社会援助作为项目的重要组成部分和项目价值的具体体现，积极履行国际公司的社会责任，努力造福管道沿线民众，改善了沿线居民生活环境，提升了沿线居民的幸福指数。

截至2021年年底，中缅油气管道项目已累计投入2944多万美元，在缅甸实施了327项社会经济援助项目（参见图5-3：向缅北南罕育英华文学校捐赠学习用品）。管道在缅甸开展的援助项目涉及教育、基础设施、医疗卫生等事关民众切身利益的方方面面。其中，援建/修缮了138座中小学教学楼；图书室、礼堂、道路等附属设施援建/修缮及教学设备捐赠项目16项；医院、医疗站援建项目31项；医院病房、外电线路、道路等附属设施援建/修缮项目7项，救护车及医疗设备捐赠项目11项；道路、桥梁、码头（休息室）等交通设施援建项目8项；地方社区供电设施援建项目7项；地方社区水井、供水管道等设施援建项目23项；通信基站援建2座；援建4座运动场、图书室等文

图5-3　向缅北南罕育英华文学校捐赠学习用品

体设施；援建2座幼儿园教学楼，援建4座孤儿院教学楼，援建1座养老院附属设施；组织自然灾害捐赠等项目73项。

项目时刻关注缅甸的社区民生，在热带气旋、地震、洪水等对当地人民生活造成破坏时，第一时间伸出援手，给予各种形式的人道主义帮助。经过项目合作方的共同努力，中缅油气管道项目在缅甸开展的社会经济援助项目得到项目沿线社区受益居民和社会各方的一致认可与赞誉，中国和缅甸主要媒体多次对项目进行采访和正面报道，缅甸多位高层领导人曾数次对社会公益项目作出重要指示并给予高度评价。

二、项目对中国的意义

作为中国第四大能源进口通道和海外能源投资项目的典范，中缅油气管道项目对中国的重要性不言而喻。中缅油气管道项目为中国开辟了新的油气进口运输通道，有利于我国更合理地利用"国内国际"两种资源，保证国家能源供应安全；提升了海外中资项目的国际形象，为项目本土化提供了样板；改善了我国能源化工的总体布局，优化了能源资源配置；促进了西南地区基础设施的建设，带动了地方经济社会的发展。

（一）保障了国家能源供应安全

中缅油气管道是继中亚油气管道、中俄原油管道和海上通道之后，中国的第四大能源进口通道，为我国合理利用"国内国际"两种资源和充分保障国家能源安全提供了新的渠道。

改革开放以来，中国的经济社会快速发展，能源需求也不断攀升。自1993年成为原油净进口国后，中国对原油进口依赖度一直较高。中国的大部分外国能源供应都来自中东、非洲等政治不稳定地区，约80%的进口原油需经过马六甲海峡。确保进口能源的稳定供应对中国的可持续发展和实现"两个一百年"奋斗目标至关重要。中缅油气管道建成后，来自中东和非洲的原油经管道可以直接输送到中国，避开了马六甲海峡，运输里程大幅缩短。中国进口能源运输方式更加多元化，有效降低了海上进口原油的潜在风险，国家能源安全得到进一步保障（参见图5-4：原油油头到达南坎计量站）。

图5-4　原油油头到达南坎计量站

（二）提升了海外中资项目形象

中缅油气管道项目是我国重要的国际化合作项目，是中国企业"走出去"的样板工程，是我国"一带一路"倡议沿线建设的经典范例之一，树立了中资海外项目的良好国际形象。

中缅油气管道项目创新合作模式，由中、缅、韩、印4个国家的6家公司共同参与投资，始终遵循国际惯例和商业模式，并实施精细化管理，得到了各方的充分肯定；项目积极履行企业社会责任，开展社区帮扶，雇用并培养当地技术人员，得到管道沿线百姓的普遍认可和支持。经过十余年的精耕细作，中缅油气管道项目切实践行了中国倡导的"互利共赢，国际合作"理念，打破了国际社会对中资海外项目的偏见，树立并巩固了良好的国际形象，为更多的中资项目落地海外和顺利运营提供了有益的经验借鉴。

（三）改善了国家能源化工格局

受多种因素的影响，西南地区长期是我国能源化工发展进程中的薄弱环节。中缅油气管道的建设和投运为我国能源化工格局的改善提供了难得的契机。

中缅油气管道中国境内段在位于中缅交界的云南省，配套建设了年处理能力达1300万t原油的石油炼化企业。目前，云南省正在依托中缅原油管道项目，推进石化产业"稳油强化"，积极布局、发展石化新兴产业。通过发挥中缅原油管道剩余输送能力，延伸下游产业链，最大程度释放中缅油气管道项目的价值效应，建设产业链完备的新兴石油炼化基地，发展西南地区特色石化产业基地。云南还拟通过完善成品油管网布局，加强能源管道互联互通，形成以昆明为中心、联通省外的放射状成品油管道输送网络。云南炼化基地的建成将拉动包括云南省在内的西南地区与石油相关的其他工业及基础设施建设，改变西南地区没有石油炼化基地的历史，同时也促使我国炼化基地的格局发生改变，进一步提振西南地区的经济发展信心、拓展西南地区的发展潜力。

（四）促进了西南地区和谐发展

中缅油气管道提高了沿线西南地区获取清洁能源的便利性，降低了沿线西南地区使用清洁能源的成本，对西南地区的社会经济环境和谐发展发挥了积极的作用。

中缅天然气管道从南坎进入中国境内的云南省瑞丽市，经贵阳市到达广西贵港市，连通西南地区管网。通过中缅天然气管道进口的天然气可直接供应到云南、贵州、四川、重庆、广西等地区，有效提升了区域内的多气源供应保障能力。自2013年投产至今，中缅天然气管道陆续向多个地区供气，为西南地区用户使用清洁、高效的天然气能源提供了便利（参见图5-5：天然气输送到中缅口岸）。

图5-5　天然气输送到中缅口岸

绿色发展是新时期我国的主要发展理念之一。天然气在西南地区工业生产中的应用，可以有效降低二氧化碳排放量，有效推动绿色发展。云南在西南相关省区中利用中缅油气管道进行绿色发展的表现最为典型。依托中缅天然气管道，云南提出了"气化云南"工程，全面推动绿色低碳发展。云南推进全省天然气"一张网"建设，计划到2025年，实现全省16个州市中心城市通管道天然气，长输管道总里程达到4000km、天然气年消费量达40亿m^3，占全省一次能源消费量3%左右的目标，大幅提高全省工业用气占比。可以预见，中缅油气管道项目将继续推动西南地区经济与社会的和谐发展。

第二篇

项目建设

中缅油气管道项目沿线自然环境恶劣、地质条件复杂、工程建设和管理难度极大。项目的建设者和运营者们克服了缅甸社会转型期政治局势复杂、经济水平不高、社会依托条件差等多重困难，实现了既定的投产和运营目标，充分展现了中国技术、中国建造和中国管理的风采。

Due to the harsh natural environment and complex geological conditions along the Myanmar-China Oil and Gas Pipelines, the construction and management of the project are extremely difficult. Meanwhile, during Myanmar's transition period, the complicated political situation, backward economic level and poor social support are also bring challenges to the pipelines. However, the constructors and operators of the pipelines overcome multiple difficulties, and achieved the scheduled construction and operation objectives, which demonstrating the advancement of Chinese technology, construction and management.

046-155

Part II

Project Construction

第六章　工程概况
Chapter 6　Engineering Situation

中缅油气管道穿越8条海沟，途经海洋、高山、沼泽、滩涂、河流和地震带，面临缅甸气候高温多雨、地质环境复杂、社会经济条件落后、缅北武装冲突不断、沿线依托条件差等诸多难题。项目建设期又恰逢缅甸社会转型期，给项目施工带来很大不确定性。

项目建设之初，曾有国际专家指出，这个世界级难度的管道项目不可能3年完成。面对困难和挑战，中缅油气管道项目从设计开始，找准工程技术难点，确定技术路线，形成关键技术；引入成熟的先进技术，创新施工法，把设计蓝图变成现实。项目协调各方力量形成合力，以"石油精神"攻坚克难，高水平如期建成国际一流水准管道，在国际上展现了"中国速度"和"中国质量"，赢得了世界瞩目和国际同行的首肯。

第一节　工程建设组织模式

在中国和缅甸各级相关政府部门及合资方的监督指导下，中缅油气管道采取"业主+监理总部+监理分部+EPC承包商"四位一体的项目管理模式，对工程建设实行项目管理，建立起以业主为工程建设决策主体、以监理总部为项目管理中枢、以监理分部为现场监督管理主体、以EPC承包商为工程建设实施主体的项目管理体系。

按照管理责任关系，项目构建了与工程总承包关系相适应的管理团队，做到分工负责、各司其职、相互配合、规范运作。

（一）业主采用建管一体化体制

根据协议，中国石油集团东南亚管道有限公司代表各股东进行项目的建设和运营管理工作，公司以东南亚原油管道有限公司(SEAOP)与东南亚天然气管道有限公司（SEAGP）为平台代表各投资方负责从投融资到建设及运行管理，直至在缅天然气销售等业务一体化运作。建设期间公司实施项目化管理，全员参与建设过程管理，提前熟悉工艺设备及流程。建设后期按地域设立三个管理处，人员有序分流，全面负责所辖区域的建设及运行准备工作，顺利实现了从建设向运行的过渡。建管一体化机制提高了工作效率、保证了工程质量，为平稳生产运行创造了条件。

根据工程管理跨度和项目管理特点的需要，东南亚管道公司增设了西线指挥部，主要负责旁吉劳德施工段的管理工作；另外设置码头项目部，专门负责原油码头和航道的建设管理工作。

（二）监理采用"总部+分部"架构

中缅油气管道项目设立了一个监理总部、四个工程监理分部（南段监理分部、北段监理分部、罐区监理分部、码头和航道监理分部）。为与业主架构匹配，后期增加了监理总部西线办公室、西线南段监理分部等部门协调管理。监理总部承担全线工程的总体项目管理，各监理分部承担各自辖区（专业）内的项目管理工作。

项目采用了独立第三方环境监理模式，严格按照缅甸有关法律完成了项目环境工作，环境监理机构对工程施工过程中的环境保护进行全过程监督检查，确保了沿线生态环境得到有效保护。

针对缅甸各种疾病繁多、医疗依托差等特点，将健康监理设置为相对独立的监理机构，健康监理既是健康管理者又是医务工作者，把预防疾病工作放在首位。对于可能的突发医疗事件，充分利用健康监理丰富的医疗知识进行应急救援，使事件可能产生的不良后果降至最低，项目最终实现全体参建人员"无一人被蛇咬伤、无一人患登革热、无一人患疟疾"的目标。

（三）采用分段EPC管理模式

项目管道工程划分为1A、1B、2、3、4共5个EPC标段，分别由印度庞吉劳德、中国石油管道局（简称"管道局"）、大庆油建、大港油建、川庆钻探承担。首站罐区划分为两个标段，分别由管道局与中油六建承担，原油码头与航道作为一个标段，由中国港湾承担。各EPC承包商负责各自标段内的工程设计、乙供物资采购、工程施工、投产保驾等工作。

分段EPC模式的实施，形成了各家承包商开展劳动竞赛的氛围，充分调动了各家队伍的积极性。管道局在项目建设过程中，起到中流砥柱的作用，为管道顺利建成提供了有力保障，也赢得了当地合作伙伴的赞赏；其他中方承包商能够与业主紧密协作，讲团结、顾大局、抢工期、抓安全、重协调、求共赢，克服重重困难，确保了项目建设按照预定节点顺利完成。

（四）采用国际第三方无损检测

通过国际招标，项目引入了印度斯沃特有限公司（SIEVERT）和阿联酋工业实验室有限公司（EIL）作为管道无损检测承包商，开展独立的第三方无损检测任务。确保无损检测工作的公正性，提高焊口评定准确性。投产前，聘请国内无损检测专家团队对焊口RT底片进行100%复评。线路连头金口检测结果由承包商、现场监理、监理总部和业主代表进行四方联合确认。

第二节　参建单位情况

中缅油气管道项目通过以合同为纽带，厘清工作界面，明确责任分工，统一工作程序，统一工作平台，统一组织协调，探索出了一条适合缅甸国情的项目建设管理模式。

项目建设的所有重大环节均采用国际招标模式，来自中国、印度、缅甸、美国、德国、英国、法国、阿联酋、泰国等多个国家资质优秀的企业贡献了优势力量，全力保障了中缅油气管道顺利建成投产（参见表6-1：中缅油气管道参建单位）。

中缅油气管道参建单位　　　　　　　　　　表6-1

序号	单位性质	单位名称
1	建设单位	中国石油集团东南亚管道有限公司
2	工程监理	廊坊中油朗威工程项目管理有限公司
3		北京兴油工程项目管理有限公司
4		天津中北港湾工程建设监理有限公司
5	EPC 总承包	中国石油天然气管道局
6		中国石油集团川庆钻探工程有限公司
7		中国港湾工程有限责任公司
8		印度庞吉劳德有限公司
9		中国石油天然气第六建设公司
10		大庆油田建设集团有限责任公司
11		天津大港油田集团工程建设有限责任公司

序号	单位性质	单位名称
12	无损检测	印度斯沃特有限公司（SIEVERT）
13		阿联酋工业实验室有限公司（EIL）
14	设计单位	中国石油天然气管道工程有限公司
15		中国石油集团工程设计有限责任公司（西南分公司）
16		中交第一航务工程勘察设计院有限公司
17	健康监理	中国石油天然气集团中心医院
18	环境监理	中国石油集团安全环保技术研究院
19	咨询单位	德国 ILF 公司
20	物资供应商	中国石油技术开发公司
21		万基钢管（秦皇岛）有限公司
22		印度金多索钢管公司
23		德国舒克公司
24		德国伯马有限公司
25		美国泵系统国际有限公司

第三节　设计概况

（一）设计范围及指标

中缅油气管道的设计范围包括原油管道、天然气管道，30万t级原油码头与航道工程及其附属设施，设计符合率目标为100%。

（二）设计原则和标准

1. 设计原则

中缅油气管道的设计原则主要包括以下七个方面：

一是符合中国、缅甸的法律、法规和政策。

二是以"安全第一、环保优先、以人为本、经济实用"的理念进行总体设计。

三是针对管道沿线山脉河流众多、海拔高、地形起伏大，生态环境、地质地貌复杂以及油气管道并行等特点，打破常规，更新设计理念，采用安全稳妥、便于施工的设计方案。

四是选用成熟的工艺、先进的设备，确保管道安全、可靠运行。

五是贯彻执行"节能降耗"，因地制宜，优化输油工艺，节约用地。优化供电方案，合理进行设备选型。

六是重视管道沿线地区的生态环境保护，环保设施做到与主体工程同期设计、同期施工和同期投产。

七是管道附属设施设计因地制宜、着重考虑缅甸当地的实际情况，在满足管道功能的前提下，兼顾中缅两国风格，满足实用要求。

2. 设计标准

在设计标准的选择上，通过积极、主动地沟通谈判，在股东协议中明确：原油管线优先采用中国标准，天然气管道优先采用API、ASME标准。

同时，利用中国石油天然气管道工程有限公司设计总集成的优势，大力推行设计的标准化、模块化和信息化。

（三）主要工艺流程

1. 中缅原油管道（缅甸段）主要工艺流程

中缅原油管道（缅甸段）沿线共设有马德首站、新康丹泵站、曼德勒泵站、地泊泵站和南坎计量站5个站，线路截断阀室31座（参见图6-1：中缅原油管道沿线阀室站场设置示意）。其中，线路监控阀室8座，单向阀室12座，手动阀室11座；另外，G08和G15监控阀室设有预留阀门，可以向萨古和纳托吉分输原油。线路监控阀室设有电液联动线路截断球阀、节流截止放空阀、手动平板闸阀和旁通管线，可实现将阀位信号及压力、温度信号上传至调控中心；手动阀室主要设有手动线路截断球阀、节流截止放空阀、手动平板闸阀和旁通管线；单向阀室设有手动线路截断球阀、单向阀、节流截止放空阀、手动平板闸阀和旁通管线。

（1）马德首站

马德首站的主要工艺流程包括接收码头来油进罐储存流程、原油倒罐流程、正输流程、加压外输流程、出站调压流程、清管器发送流程和压力泄放流程。

（2）新康丹泵站

新康丹泵站的主要工艺流程包括加压外输流程、清管器收发流程、正输流程、出站调压流程、进出站压力泄放流程以及泄压罐原油回注流程。

（3）曼德勒泵站

曼德勒泵站的主要工艺流程包括加压外输流程、清管器收发流程、正输流程、过滤

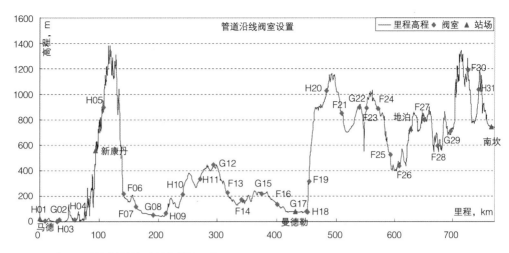

图6-1　中缅原油管道沿线阀室站场设置示意

流程、出站调压流程、越站流程、进出站压力泄放流程以及泄压罐原油回注流程。

（4）地泊泵站

地泊泵站的主要工艺流程包括加压外输流程、清管器收发流程、正输流程、过滤流程、出站调压流程、越站流程、进出站压力泄放流程和泄压罐原油回注流程。

（5）南坎计量站

南坎计量站的主要工艺流程包括清管器收发流程、进出站压力泄放流程、正输流程、过滤流程、进站减压流程、计量标定流程和泄压罐原油回注流程。

2. 中缅天然气管道工艺流程

中缅天然气管道干线共设有皎漂首站、仁安羌压气站、当达分输站、曼德勒分输站、彬乌伦压气站和南坎计量站6个站，线路截断阀室28座（参见图6-2：天然气管道沿线阀室和站场设置示意）。其中，监控阀室7座，普通阀室21座。F01、G04、F23为分输阀室，分别向中缅原油管道（缅甸段）工程的马德首站、新康丹泵站和地泊泵站等工艺站场的天然气发动机组/天然气发电机组提供燃料气。

（1）皎漂首站

对上游陆上终端来气，先进行天然气气体在线分析（在气质条件达不到管输要求标准时，可以发出报警并且截断站场进气），然后经过滤分离系统、计量系统后，输往下游管道；站内设清管器发送装置，可实现清管操作；经过计量的部分天然气，通过调压后向当地分输；生活用气经自用气橇计量、调压后，供给站内；进、出站处设预留阀门，可以接收其他气源提供的天然气。

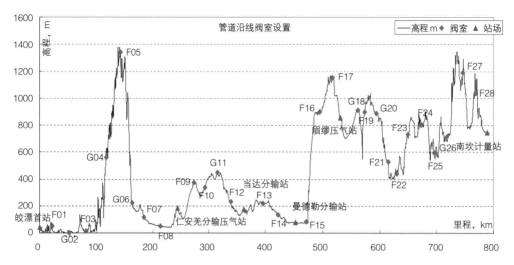

图6-2　天然气管道沿线阀室和站场设置示意

（2）仁安羌分输站

上游管道来气进入站内，经组合式过滤分离器分离后输往下游管道；站内设清管器收、发装置，可实现清管操作流程；天然气过滤后经计量、调压输往用户；生活用气经自用气橇计量、调压后，供给站内；进、出站处设预留阀门。二期工程时，当皎漂首站进站气量达到$110 \times 10^8 Sm^3/a$及以上时，需要增设压缩机组，增压后输往下游站场。

（3）当达分输站

上游管道来气进入站内，经过滤分离器分离，计量、调压后为用户供气；生活用气经自用气橇计量、调压后，供给站内。

（4）曼德勒分输站

上游管道来气进入站内，经过滤分离器分离，计量、调压后为用户供气；生活用气经自用气橇计量、调压后，供给站内；天然气经自用气橇计量、调压后，供给本站天然气发电机提供燃料，并向原油管道曼德勒泵站的天然气发动机组、天然气发电机和生活用气提供燃料。

（5）彬乌伦压气站

上游管道来气进入站内，经组合式过滤分离器分离后输往下游管道；站内设清管器收、发装置，可实现清管操作流程；二期工程时，当皎漂首站进站气量达到$110 \times 10^8 Sm^3/a$及以上时，需要增设压缩机组，增压后输往下游站场。进、出站处设预留阀门。

（6）南坎计量站

上游管道来气进入站内，经旋风分离、计量后输往中国；站内设清管器收、发装置，可实现清管操作流程；生活用气经自用气橇计量、调压后，供给站内；天然气经自用气橇计量、调压后，供给本站天然气发电机提供燃料，并向原油管道南坎计量站的天然气发电机和生活用气提供燃料；进、出站处设预留阀门。

（四）设计主要交付成果

1. 预可研成果

预可研成果包括中缅油气管道项目资源与市场、用地与规划、环境影响、政策分析、项目风险研判、投资估算及经济评价等。

2. 可行性研究成果

可行性研究成果包括油气资源、原油码头、油气管道线路、工艺站场等其他配套工程、投资估算及经济评价等。

3. 初步设计成果

初步设计成果包括线路、工艺站场、罐区及阀室的测量和详勘，线路工程及其附属工程穿跨越、阴保、水工等专业初步设计，站场、罐区及阀室工程工艺、仪表、电力、通信、总图、结构等专业初步设计，原油码头及航道疏浚工程、水工建筑物等专业初步设计及上述成果设计概算。

4. 施工图设计成果

施工图设计成果包括线路、站场、罐区及阀室、控制性工程、码头及航道工程各细分专业详细设计。

第四节　当地生产资源概况

（一）人力资源概况

2022年2月，缅甸总人口约为5547万人。虽然缅甸总体上人力资源丰富，但面临技术工人短缺的问题，大量劳动力缺乏正规教育和职业技术培训。在中缅油气管道建设期，缅甸尤其缺乏熟练的管道和港口建设技术工人，无法满足管道建设的用工需求。为此，中缅油气管道项目一边建设，一边开展本地员工培训。

（二）施工机具概况

缅甸是一个以农业为主的国家，中缅油气管道建设期，缅甸的工业、建筑业、服务业等的发展都相对较为滞后，不仅缺乏大型施工企业，也缺乏大型吊装设备，中缅油气管道建设所需的大型施工设备机具难以在属地租用。

（三）进口材料种类及来源

中缅油气管道项目工程建设绝大部分物资在缅甸当地都无法供应，必须依赖进口，尤其是专业性强、用于输油输气的大口径管道。当地可以供应的物资少之又少，仅有水泥、砂石等少量土建材料，管线钢管、阀门、泵机组、仪表、通信设备、电力设备、计量设备等其余工程主体设备材料全部需要依赖进口。

项目大宗物资采购是按照股东协议约定的流程采取国际邀请招标进行的。依据项目最初设立的建设优质工程的目标，物资采购坚持从源头上严把质量关。从设计选型开始就按照国际前沿技术进行设计，严格供应商资格审查，能够入围参与投标的供应商均是技术先进、行业应用广泛、质量可靠的国际知名厂商。经过招标流程，项目选定了供应商，管道主线路钢管产地为中国和印度，线路主阀门产地为德国，给油泵产地为德国，输油泵机组产地为美国，电力设备产自英国和中国，原油管道计量系统主要设备产地为美国、英国和中国等，天然气计量系统主要设备产地为美国和新加坡，控制系统主要设备产地为美国和中国，原油码头靠泊拖轮产地为中国，码头装卸臂产地为德国。

除大宗物资之外，对于在管道安装过程中的工艺、供水、照明、消防、阴极保护等专业的设备材料全部来自中国知名生产商。

（四）物流环境及项目运输和清关状况

尽管缅甸政府一直在努力改善电力、交通和通信等基础设施，但缅甸的交通基础设施仍然陈旧而落后。中缅油气管道沿线道路交通设施较差，既有桥梁承载力低，难以满足施工物资运输的要求。

缅甸当地运输物资主要是农产品、矿产、建材等物品，对于管道建设专用物资如钢管等没有运输经验，也没有车辆加固等防护经验。

缅甸海关物资进口实行许可证制度，申请许可证一般需要两个月以上时间，若在进口许可未办理的情况下直接发运物资到缅甸，将造成货物滞留港口无法办理清关提货手续，因此物资发运应提前和有计划性。

（五）缅甸供水供电情况

缅甸电力资源丰富，但未得到有效利用，国家电网覆盖率相对较低，电力短缺和频繁断电已成为制约缅甸经济发展的瓶颈。在从电站向主电网的输送过程中，电力损耗率达到7%以上。加之输缅甸的变电设备落后，缺乏科学有效的运营管理，主要集中在缅北地区的各大电站产出的电能难以顺利通畅地输送到全国各地。中缅油气管道建设初期，缅甸的发电能力约为4000MW，45%以上的人口不在电网覆盖范围内，全国有4万多个村庄及小城镇尚未实现供电，主要集中在掸邦及克钦邦等地区。由于发电能力有限，即便是仰光也经常停电。

和电力类似，缅甸的基础供水设施以及大型水利项目依旧不够完善。有自来水供应的城区自来水的水质往往是普通的江河水水质，其浊度、色度会随季节变化在一定的范围内波动，在暴雨季节浊度会升高，在非雨季浊度、色度会下降，难以用于直接饮用或烹饪。乡村清洁用水更是难以保障，许多地区一到干旱期就面临用水短缺。中缅油气管道原油码头所在的马德岛，有人居住的历史已有一千多年，但在中缅油气管道建设前，祖祖辈辈的饮水就靠岛上几口水井。每年到旱季快结束的时候井水基本枯竭，水质也受到严重污染。

第五节 沿线地形地貌、道路交通、周围环境等概况

（一）沿线地形地貌概况

中缅油气管道经过缅甸西海岸皎漂市的河网湿地、若开山山脉、伊洛瓦底江平原及缅北掸邦高原四大地貌单元，在缅甸境内穿越热带荒岛、丘陵冲沟、原始森林、海沟海峡大型河流、山区断崖，途经阿拉干沿海湿地、取道热带亚热带的多雨型高山峡谷，穿过高地震烈度区、热带红树林区、柚木林保护区、乌龟保护区等敏感点（参见图6-3：热带荒岛、图6-4：丘陵冲沟、图6-5：原始森林、图6-6：海沟、图6-7：山区断崖）。管道沿线各类地质灾害频发、地理环境复杂，面临的自然环境在中国管道建设史上实属罕见。

图6-3 热带荒岛

图6-4　丘陵冲沟

图6-5　原始森林

图6-6 海沟

图6-7 山区断崖

（二）沿线道路交通情况

中缅油气管道在缅甸境内主要经过皎漂省、若开邦、马圭省、曼德勒省、掸邦等省邦。总体上看，沿线既有的公路路面较窄，桥涵设施极其简陋。

皎漂首站到若开山脉段约50km管道没有道路可以到达；管道沿线木结构桥涵数量达100多座，承载力一般不超过13t，无法满足管道施工设备和材料的运输要求（参见图6-8：缅甸公路采用的桥梁）。若开邦的马德岛面积有12km²，交通极为不便，属于孤岛作业，现场需要的所有生活物资，建筑材料，施工设备均需要从外界由水路运输上岛。

图6-8 缅甸公路采用的桥梁

图6-9 若开山脉路况

图6-10 平原段路况

若开山段管线沿翻越若开山脉的公路敷设，此路段公路属于山区路段，道路狭窄，多处急弯加上下坡，使用常规半挂车辆无法翻越若开山，而且雨季受泥石流和山体滑坡影响无法进行公路运输（参见图6-9：若开山脉路况）。

翻越若开山后到达帕丹，从帕丹到马圭沿线为柏油路，道路平缓，柏油路面宽3~4m，路面坑洼不平，错车时需要降低车速。马圭至曼德勒段均为平原，管线施工难度较小。此区间大部分区段附近均有公路伴行（参见图6-10：平原段路况），大约70km，附近没有公路的可依托管线作业带和平整小路运输管线物资。在伊洛瓦底江两侧需要修建进场道路。

木姐至曼德勒道路为滇缅公路，长约460km，管线曼德勒-木姐段基本沿滇缅公路敷设。滇缅公路以丘陵和山区路段为主，丘陵路段约占65%，山区路段约占25%，平原段约占10%。山区路段主要在登尼、南唐河和眉谬附近（参见图6-11：南塘河峡谷公路、图6-12：缅北山区道路）。滇缅公路柏油路面宽6m左右，路面较为平坦；眉谬-曼德勒段（60km）路面较宽，相对行驶的车辆分道行驶。在南塘河和登尼附近的山区公路道路曲折、多回头弯、弯急坡陡，运输钢管和重型设备的车辆通过时对其他运输车辆的通行影响较大（参见图6-13：缅北山区道路物资运输）。

图6-11　南塘河峡谷公路

图6-12　缅北山区道路

图6-13　缅北山区道路物资运输

图6-14 新康丹站

（三）站场及周围环境

中缅油气管道沿线大多地广人稀，既有一望无际的平原和滩涂水网，又有人迹罕至的掸邦高原和原始森林，施工条件和现场生活非常艰难。项目所在地及周边地区经济落后，物资匮乏，通信困难，绝大部分的建筑材料和施工设备需要进口。2013年底，中国青年报"冰点"团队曾赴缅甸在中缅油气管道沿线实地采访，80、90后记者手脚并用爬60多度的陡坡、住进戏称"海景房"的破板房，遭遇洗澡时停电的尴尬，一名女记者采访一线工人时一边流泪，一边感叹石油人和中缅油气管道建设的不容易。

中缅油气管道项目参建各方克服恶劣的自然环境和当地生产资料短缺的困境，一座座原油泵站和天然气计量站拔地而起（参见图6-14：新康丹站、图6-15：南坎计量站），串联起贯穿中缅两国的友谊金桥。

图6-15　南坎计量站

第六节　工程建设主要内容

（一）项目主要构成

中缅油气管道项目主要包括三个部分，即中缅原油管道、中缅天然气管道和配套的原油码头工程。原油码头工程又包括航道工程、工作船码头和水库。

（二）主要实物工程量

中缅油气管道的主要实物工程量包括原油管道、天然气管道和原油码头工程三大块（参见表6-2：中缅油气管道主要实物工程量统计）。

中缅油气管道主要实物工程量统计　　表 6-2

序号	工程名	主要实物工程量
1	中缅原油管道	771km 管道
2		5 座工艺站场
3		31 座线路截断阀室
4	中缅天然气管道	793km 管道
5		6 座工艺站场
6		28 座线路截断阀室
7	原油码头工程	30 万 t 级原油码头
8		5000t 级工作船码头
9		38km 航道
10		12 座 10 万 m³ 储罐
11		1 座 65 万 m³ 水库

中缅原油管道工程在缅甸境内铺设了771km管道，干线共设有马德、新康丹、曼德勒（参见图6-16：曼德勒泵站）、地泊（参见图6-17：地泊泵站）、南坎5座工艺站场，线路截断阀室31座。其中，线路监控阀室7座，单向阀室12座，手动阀室12座。

图6-16　曼德勒泵站

图6-17　地泊泵站

图6-18　仁安羌分输站

中缅天然气管道工程在缅甸境内铺设了793km管道，干线共设有皎漂、仁安羌（参见图6-18：仁安羌分输站）、当达、曼德勒（参见图6-19：曼德勒分输站）、眉缪、南坎6座工艺站场，干线线路截断阀室28座，其中监控阀室7座，普通阀室21座。

原油码头工程包括一座30万t级原油码头、5000t级工作船码头、38km航道以及12座10万m³储罐和1座65万m³水库（参见图6-20：马德岛原油码头工程鸟瞰）。

图6-19 曼德勒分输站

图6-20 马德岛原油码头工程鸟瞰

第七节　工程项目特点、重点与难点

（一）项目特点

1. 落后的社会依托与恶劣的自然环境

缅甸社会发展水平相对较为落后，中缅油气管道建设面临的道路、通信、电力、供水、熟练技工、工程材料供给等社会依托条件极差。缅甸不仅符合中缅油气管道建设需求的熟练技术工人极少，也缺乏大型施工企业和机具；管道沿线基础设施薄弱，已有桥梁承载力低，难以满足施工材料的运输要求。

从沿线的地质和气候看，中缅油气管道面临的自然环境都较为恶劣。中缅油气管道途经海洋，穿越热带亚热带的多雨型高山峡谷，经过高地震烈度区，穿越5.56km海峡、8条海沟，翻越若开山及缅北原始林区，穿（跨）越伊洛瓦底江、米坦格河、南塘河、瑞丽江等多条大河，沿途环境之复杂、建设难度之大，在中国管道建设史上罕见。

中缅油气管道沿线可分为雨季、凉季和热季三季。雨季自5月底开始至10月底结束，经常洪水肆虐，6～10月皎漂地区的年均降水量可达4000～5000mm，山区基本无法施工。热季为3～5月份，沿线最高平均气温40℃，管道沿线最高平均温度达40℃，局部地区可达50℃。尤其是若开山以西施工区域，每年有效施工期不足5个月。长时间高温、多雨的恶劣气候给工程的实施带来了极大的困难，对施工组织的预见性和紧密性要求高。

2. 复杂的社会环境与动荡的政治局面

中缅油气管道项目建设时期，缅甸正处于军政府向民选政府的过渡期，复杂的社会环境和持续动荡的政治局面给管道建设带来了诸多困难和不可预期风险。中缅油气管道项目途经的若开邦、掸邦等少数民族邦，都有少数民族武装盘踞。在管道建设期间，缅甸政府军与缅北"民地武"之间的军事冲突不断，若开邦的民族矛盾时常激化，对管道建设构成重大安全威胁。

3. 大口径油气管道双线并行建设

中缅油气管道项目在中国管道建设史上首次采用大口径管道双线并行建设，并首次使用了油气双管大型桁架跨越施工。中缅原油管道和中缅天然气管道长达771km的并排铺设极大地增加了施工难度（参见图6-21：中缅油气管道长距离并行）。在一般地段，原油管道和天然气管道中心间距15m，特殊地段两条管道最小中心距仅有2.5m，对施工技术要求极高。

4. 配套建设30万t级现代化原油码头与航道

为满足中缅油气管道后期运行的需要,项目在西部若开邦的马德岛配套建设了30万t级的现代化原油码头,并修建了38km航道以及12座10万m³储罐。

马德岛的30万t级原油码头采用了多个重力式的超高圆筒沉箱结构。这在缅甸国内尚属首次。

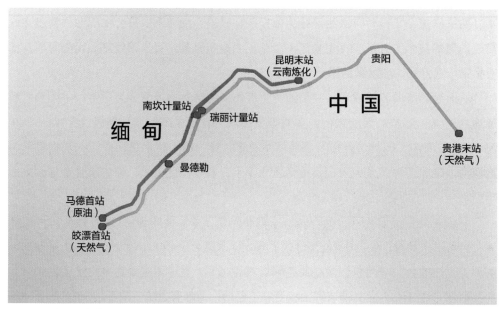

图6-21　中缅油气管道长距离并行

(二)项目重点与难点

1. 弗莱彻海底管道敷设

中缅油气管道弗莱彻海底管道位于干线的起始段,起始于靠近兰里岛东经93°41'、北纬19°21'的马德岛附近海域,在马德岛东面与陆上管道相连,穿越弗莱彻海峡后,再次连接陆上管道,线路长度约5.56km,最大水深约22m。在穿越弗莱彻海峡的管道段,原油管道和天然气管道近距离并行,中间还夹有光缆铺设,地质情况复杂,工况条件恶劣。

经过对铺管船法与浮拖法两种技术进行综合分析,中缅油气管道项目选用铺管船法施工,并采用全自动坡口加工、自动焊接、自动超声波检测(AUT),顺利完成了海底管道的敷设任务,并保证了海管敷设的施工质量(参见图6-22:铺管船开展弗莱彻海峡海底管道焊接敷设作业)。

图6-22　铺管船开展弗莱彻海峡海底管道焊接敷设作业

2. 定向钻穿越海沟与伊洛瓦底江

中缅油气管道穿越了卡拉巴海沟、耶罔春海沟、1-6#海沟等8条海沟、伊洛瓦底江及岔河，工程地质条件异常复杂。其中，位于若开邦皎漂镇兰里岛与马德岛之间的卡拉巴海沟最大穿越深度82m。

经系统研究论证，项目因地制宜，采用了大口径管道水平定向钻穿越技术，综合采用优化钻具、改进泥浆配比、优化钻进参数、双钻机助力回拖、夯管防塌导向、泥浆回收利用等技术，优质、安全、环保、按期完成了穿越任务，解决了被专家称为"世界性穿越难题"的伊洛瓦底江穿越（参见图6-23：伊洛瓦底江定向钻穿越）；在滩涂地区，采用了"平台"组焊检测防腐、牵引漂管就位、预挖排水沟沉管、地貌恢复等滩涂地区管道施工特色技术，保证了滩涂地区管道的优质安全敷设。

3. 瑞丽江大开挖穿越

中缅油气管道在中缅边境附近穿越瑞丽江，穿越长度825m。地质勘察资料显示在勘察深度内均为砂层、砂砾层。定向钻、钻爆法、盾构隧道和顶管隧道均不合适。考虑透水严重，经多次论证，采用经"分段围堰导流，钢板桩护壁稳固、机械开挖管沟，沟下组焊，马鞍式混凝土加重块连续稳管"的施工方案（参见图6-24：瑞丽江大开挖穿越）。

图6-23　伊洛瓦底江定向钻穿越

图6-24　瑞丽江大开挖穿越

4.南塘河大峡谷穿越

中缅油气管道南塘河段管线呈"V"形，南岸坡度相对较缓，平均21.1°，北岸地形险峻、岩壁陡峭，平均41.6°，最大坡度达到69.5°，最大落差为203.5m。由于落差大、坡度大，大型机械设备难以靠近。施工结合实际情况，在两处最难点分别采用了不同施工方法（参见图6-25：南塘河大峡谷穿越施工）。在陡崖顶预制龙门架，用吊管机做牵引，钢丝绳通过龙门架起吊陡崖预制管线，使用捯链、挖掘机组对；使用平底爬犁运管，千斤顶、捯链组对，逆变焊接组对焊接。本着"安全、容易采购、便宜安装、节约成本"的原则，项目对龙门架的设计、钢丝绳的选择、运管爬犁的制作及拖拽动力的选择进行了优化设计，最终顺利完成南塘河大峡谷的施工任务。

5.30万t级原油码头与航道

中缅油气管道配套建设的马德岛30万t级原油码头位于皎漂湾内，是中国石油海外最大的原油码头。原油码头的38km航道疏浚工程量绝大部分在外海，易受西南偏西向的孟加拉湾季风影响，施工区水深且为长波暗涌，留存有第二次世界大战时期被遗弃的炸弹，还需避让"税气田"项目32英寸海底管道，施工难度非常大。

项目部从中国组织了专业打捞团队及设备赶赴缅甸，将航道内的危险爆炸物彻底清除，确保了航道船舶施工及后期的运输安全（参见图6-26：航道内二战遗留炸弹打捞）。

通过综合研究，项目开发了原油码头沉箱预制安装技术、高性能水下混凝土浇筑和

图6-25 南塘河大峡谷穿越施工

图6-26　航道内二战遗留炸弹打捞

图6-27　天麟绞吸船破岩石施工

绞吸船长波暗涌条件下破岩施工技术，成功完成了孟加拉湾长波暗涌影响下孤立岩石的有效清除（参见图6-27：天麟绞吸船破岩石施工）；使用三缆定位绞吸船，并创新采用"五锚五缆"施工工法确保施工安全及效能；从国内专门建造满足沉箱出运、安装要求的最大托举力为15000t、最大下潜深度26.5m的浮船坞，保证沉箱的顺利出运、安装（参见图6-28：沉箱安装）。最终，不仅航道提前完工，修建的30万t级原油码头设计和建设技术也总体处于国际先进水平。

图6-28　沉箱安装

第七章 施工部署与主要管理措施
Chapter 7　Construction Deployment and Management Measures

中缅油气管道项目顺应国际经贸合作环境，结合当地法律法规和中国石油的QHSE体系，对标壳牌、道达尔等国际公司，在建设运营过程中修订完善各项管理制度，强化资金、工程、物资采购等重点领域全过程控制，建成了一套具有企业特色、科学规范的规章制度体系；通过充分发挥"互联网+"思维，深入推进"中缅管道+信息通信技术"的有效结合，探索形成了"智慧管道"管理平台，确保了项目建设的精细化、系统化和科学化管理。

第一节　目标管理

业主单位在组建之初，即中缅油气管道筹备组之时就确立了项目总体目标，并进一步细化了进度控制、质量管理、安全管理、环境保护、投资控制5个方面的目标。经过业主和参建各方的共同努力，各项目标全面达成。项目建设水平获得缅甸政府、中国驻缅甸大使馆经济商务参赞处的高度评价，业主总体评价为"非常满意"。

（一）项目总体目标

总体目标是将中缅油气管道项目建设成"优质工程、环保工程、安全工程、友谊工程"，确保项目达到国际一流水平，助力中缅关系的发展。

（二）进度控制目标

2010年5月30日，水库合龙；2012年年底，管线主体贯通；2013年5月30日，天然气管道达到投产试运条件；2015年1月31日，原油管道达到投产试运条件。

（三）质量管理目标

中缅油气管道项目的质量管理目标主要包括单位工程、采购质量、设计质量、线路主体焊接、防腐补口、管线埋深、管道桩位以及试压和投运8个方面（参见表7-1：中缅油气管道项目质量管理目标）。

中缅油气管道项目质量管理目标　　　　　　表 7-1

序号	指标内容	预期目标
1	单位工程合格率	100%
2	采购质量合格率	100%
3	设计质量合格率	100%
4	线路主体焊接一次合格率	98% 以上
5	防腐补口一次合格率	98% 以上
6	管线埋深合格率	100%
7	管道桩位准确率	100%
8	试压、投运	一次成功

在实际建设中，中缅油气管道线路工程一次焊接合格率达到98.68%，其他项合格率/准确率达到100%；试压、投产均一次成功，如期建成投产。

（四）安全管理目标

中缅油气管道的安全管理目标是"零事故、零污染、零职业伤害"。项目累计2700万工时无事故，安全行车3200万km，实现了质量事故为零，安全事故为零，环境污染事故为零。

（五）环境保护目标

中缅油气管道项目的环境保护目标是绿色、节能、可持续发展。通过多措并举保护管道沿线海洋与当地自然资源，项目有效防止施工对环境的污染损害，维护了生态平衡，实现了施工过程同当地环境的和谐统一。

（六）投资控制目标

中缅油气管道项目的投资控制目标是使投资比总概算降低5%。通过强化前期工作管理、采取国际招标形式和精细化投资管理，中缅油气管道实现了全过程投资优化控制，实现项目投资总体受控。

第二节 管理机构、体系

（一）项目管理机构

中缅油气管道项目创新管理模式，采用"建管一体化"机制。东南亚管道公司实施前期投融资、中期建设及后期运行的全过程管理。

建设期间，东南亚管道公司实施项目化管理，全员参与建设过程管理，提前熟悉

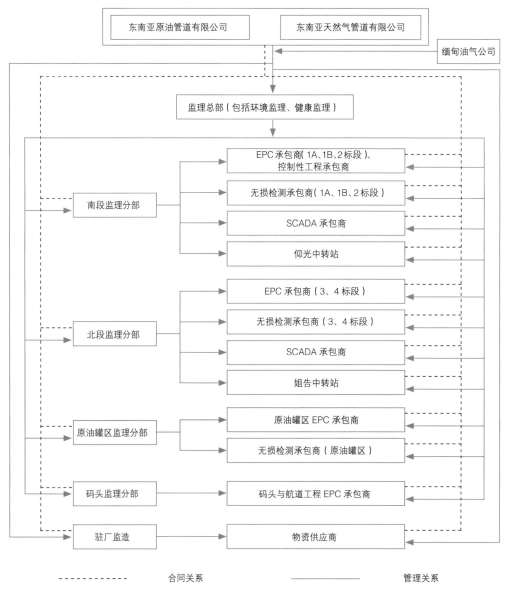

图7-1 中缅油气管道（缅甸段）建设组织机构图

工艺设备及流程；建设后期，按管道所经地域设立了3个管理处，前期相关人员根据需要进行分流，负责后期建设及运行准备工作，从而实现了项目从建设到运行的顺利过渡。"建管一体化"机制落实了"质量责任终身制"，不仅提高了工作效率，保证了工程质量，也为平稳生产运行创造了条件。

（二）项目管理体系

中缅油气管道项目采取"业主+监理总部+监理分部+EPC承包商"四位一体的项目管理模式，按照项目管理责任关系，构建与工程总承包相适应的项目团队，做到分工负责、各司其职、相互配合、规范运作（参见图7-1：中缅油气管道（缅甸段）建设组织机构图）。

第三节　工程标段与承建范围划分

（一）设计标段

根据建设工期和实际需要，中缅油气管道共设计了8个标段，包括5个管道标段、2个罐区标段和1个码头标段（参见表7-2：中缅油气管道标段）。

中缅油气管道标段   表 7-2

序号	标段	范围
1	第 1A 标段	从马德岛首站到 YBA123+5.85，油管道 183km； 从皎漂首站到 QBA123+5.85，气管道 205km
2	第 1B 标段	从 YBA123+5.85 到 YCD058，油、气管道各 319km
3	第 2 标段	从 YCD058 到 YDA039，油、气管道各 48km
4	第 3 标段	从 YDA039 到 YDA175，油、气管道各 42km
5	第 4 标段	从 YDA175 到 YDB091，油、气管道各 178.5km
6	原油罐区第 1 标段	从 FRT0201 到 FRT0206，6 个 10 万 m^3 原油储罐
7	原油罐区第 2 标段	从 FRT0207 到 FRT0212，6 个 10 万 m^3 原油储罐
8	码头标段	30 万 t 级原油码头及航道工程

（二）EPC标段

中缅油气管道的8个标段均以EPC方式承建，通过国际招标，由7家国内外企业分别承建（参见表7-3：中缅油气管道EPC标段中标企业）。

中缅油气管道EPC标段中标企业　　　　　　　表 7-3

标段	中标企业
第 1A 标段	印度 Punj Lloyd Ltd.
第 1B 标段	中国石油天然气管道局
第 2 标段	天津大港油田集团工程建设有限责任公司
第 3 标段	大庆油田建设集团有限责任公司
第 4 标段	中国石油集团川庆钻探工程有限公司
原油罐区第 1 标段	中国石油天然气第六建设有限公司
原油罐区第 2 标段	中国石油天然气管道局
码头标段	中国港湾工程有限责任公司

（三）无损检测标段

中缅油气管道项目共有6个无损检测标段，分别为第1~5无损检测标段和原油罐区无损检测标段，由3家国内外企业中标承担无损检测工作（参见表7-4：中缅油气管道无损检测标段及中标企业）

中缅油气管道无损检测标段及中标企业　　　　　　表 7-4

标段	中标企业
第 1 ~ 3 标段	印度 Sievert India Pvt.Ltd.
第 4 ~ 5 标段	阿联酋 Emirates Industrial Laboratory Limited
原油罐区无损检测标段	四川派普承压与动载设备检测有限公司

（四）监理标段

中缅油气管道项目共有5个监理标段，分别为总部标段、缅甸段南部标段、缅甸段北部标段、原油罐区标段以及原油码头及航道、水库工程标段，由3家中标企业承担监理工作（参见表7-5：中缅油气管道监理标段及中标企业）。

标段	监理范围	中标企业
总部标段	中缅原油管道项目（缅甸段）	廊坊中油朗威工程项目管理有限公司
缅甸段南部标段	首站至南塘河	北京兴油工程项目管理有限公司
缅甸段北部标段	南塘河至中缅边境	廊坊中油朗威工程项目管理有限公司
原油罐区标段	中缅原油管道项目（缅甸段）原油罐区	北京兴油工程项目管理有限公司
原油码头及航道、水库工程标段	中缅原油管道项目原油码头及航道水库工程	天津中北港湾工程建设监理有限公司

第四节　组织协调

（一）编制《项目协调手册》

中缅油气管道项目参建主体较多、工程量大、涉及面广，如果缺乏健全的沟通协调机制，任何一个环节出了问题，都会对各方产生不利的影响。为推动中缅油气管道顺利建设，东南亚管道公司制定了《中缅油气管道工程（缅甸段）项目协调手册》（简称《项目协调手册》），确保参与各方相互配合。

（二）设立综合调度室作为建设单位协调中枢

基于缅甸当时互联网技术极度不发达的状况，中缅油气管道项目结合质量、进度、计划、QHSE、物资、技术数据、外协、外事、信息沟通等保障项目运转的业务内容，开发建设了综合业务管理平台，设立了综合调度室作为协调中枢，对各参建单位进行集中调度。

（三）设置监理总部延伸建设单位协调

中缅油气管道实行"业主+监理总部+监理分部+EPC承包商"四位一体的项目管理模式，监理总部作为项目协调中枢，4个监理分部作为现场监督管理主体，协助业主负责进度、质量、安全和投资控制。

（四）建立各方例会制度

参建各方通过周例会、监理例会、月度协调会等形式，进行沟通协调、解决问题，按照《中缅油气管道工程（缅甸段）项目协调手册》的职能定位，各司其职，各负专责，确保了项目建设优质、高效、如期完成。

（五）建立短波电台通信系统

鉴于缅甸极度落后的通信条件，为保证项目指令在无常规通信手段可依托时能在第一时间传达到第一线，中缅油气管道项目建立了短波电台通信网络。在综合考虑管理机构设置、沿线地形地貌影响的基础上，在管道沿线马德岛、皎漂、曼德勒、眉谬、木姐五大指挥枢纽及仰光、内比都两个重要协调城市建立短波电台通信基站。通过交通指挥车配置车载电台，构建起短波电台通信保障系统，确保管道建设指令通信畅通。

（六）引进外籍咨询人员加入管理团队

公司根据项目管理的需要，引入了国际著名咨询公司德国ILF公司的8名人员参与项目管理，其中3名负责项目管理咨询服务、5名负责特殊地段现场施工管理咨询。在工作分工上，ILF公司工程管理人员从工程计划、程序审查等入手，为控制工程进度和质量提供审查意见和国外工程管理经验。在工作流程上，ILF公司咨询人员积极与中方人员沟通交流，通过交换意见，促进对中方管理思路的理解，促进管理思想和方法的统一，从而利于ILF公司咨询人员更好地发挥作用。通过与这些国际人才的工作交流和配合，提升了项目管理水平，促进了管理理念创新，也使项目管理逐渐与国际接轨。

第五节　工程计划管理

（一）统筹进度计划管理

鉴于中缅油气管道项目各标段有不同承建方，建设进度不统一，东南亚管道公司积极加强组织协调，以保证项目总体进度，针对1A标段施工进度慢、管理较弱的情况，专门建立了西段工程建设指挥部，督促加快施工进度，确保了项目如期完工。

（二）全面推行P6管理系统

中缅油气管道全面运用P6管理系统统筹工程计划管理，对产生的偏差及时提出预警报告，并提出纠偏措施和修正意见，使项目的进度风险得到有效的控制。通过P6管理系统的运用，大大加快了施工进度，合理控制了工程费用，保证了工期、投资双受控。根据P6管理系统的监控预测结果，业主先后将若开山40km段、5号海沟穿越等项目从印度庞吉劳德（PLL）公司的EPC合同中切割出来，交给其他EPC承包商施工，及时避免了因PLL公司进度滞后带来的无法按期完工风险。

（三）强化管控工程重点和难点

中缅油气管道项目从始至终都非常注重加强对弗莱彻海底管道敷设、滩涂地区海沟穿越、米坦格河跨越、伊洛瓦底江与瑞丽江穿越、南塘河大峡谷穿越和30万t级原油码头与航道建设等控制性工程重点和难点的进度和质量管控，定期进行调度，确保了全线工期和质量。

（四）引进外籍团队加强对外籍EPC的管控

中缅油气管道项目引入了国际著名咨询公司德国ILF公司为项目提供咨询服务。ILF公司的咨询工程师结合国际类似工程经验，在项目理念、合同管理、大宗物资质量控制等方面为中缅油气管道项目提供了有力支持。通过借鉴国际专业公司的管理理念，中缅油气管道实现了项目管理与国际接轨，达到国际先进水平。

（五）超前谋划竣工资料管理

工程档案工作要求非常细致而且严格，每一个单位工程的竣工资料都必须完整记录该单位工程的施工过程。中缅油气管道超前谋划竣工资料整理和管理，最终收集的每个单位工程均包含七卷竣工资料，涵盖项目管理文件、设备物资采购及使用文件、完整施工记录、HSE管理类文件、项目施工总结、竣工图、施工过程记录视频、施工照片等，系统、完整地记录和反映了中缅油气管道项目建设的全貌。

第六节　商务管理

（一）项目前期规划

1. 开展可行性研究工作

2008年6月，中、缅、韩、印四国六方于缅甸内比都正式签署了《委托中国石油规划总院开展陆上管道可行性研究的协议》，正式委托中国石油规划总院开展中缅天然气管道项目的可行性研究。可行性研究报告的编制内容、研究深度对项目实施及后续工作的开展起到了较好的借鉴和指导作用。

中国石油规划总院提交的天然气管道可行性研究报告设计线路走向合理，在可研阶段同步开展环评、地灾、安评等各专项评价，并结合评价成果修改线路路由和站场选址。原油管道的规划研究、预可行性研究报告对油源、市场、线路走向、输气工艺、投资及财务评价等主要技术经济方案进行了初步研究，为下一步开展可行性研究工作奠定了基础。

2. 从源头控制投资

针对项目涉及的缅甸国情、政策法规、文化、环境以及建设项目经济效益目标、技术可行性、资金情况、获得的社会效益、总体投资等方面，中缅油气管道项目组织开展了细致入微地调研、实事求是地分析，形成了科学规范的经济评价模式与相应参数，为实现项目科学投资决策和提高综合建设管理水平打下了坚实基础。

项目初设对拟建工程出具清晰明确的功能标准、投资要求和造价清单，最大程度管控投资。通过实行限额设计，综合平衡项目建设、设计、投资、经济性等各个方面，在保证满足工程建设的应用功能要求的同时，项目科学合理开展多种方案优选，对最终投资受控起到了关键作用。

（二）工程招标选商

1. 优选合格承包商

中缅油气管道项目的EPC、设备采购和技术服务招标采用"两步评标法"优选承包商。首先，进行技术标开标和评标，重点评价技术方案，技术标合格的投标商进入商务标开标和评标；其次，商务标评标主要评价价格组成、商务条件和总价，商务标合格的投标商按总价由低到高排序，推荐最低价投标商为候选承包商。采用"两步评标法"，不仅选出了技术综合实力较强的承包商，而且价格较低，节省了投资，效果较好。

图7-2 国际招标开标现场

2. 采取国际招标

中缅油气管道项目股东及董事依据股东协议条款进行投资控制，协议规定超过20万美元项目应进行招标，超过100万美元项目必须进行国际招标，股东各自推荐国际承包商，招标结果由董事会批准，中缅韩印四国股东对招标竞价严格把关，合同授予过程严谨科学（参见图7-2：国际招标开标现场）。项目所在国缅甸政府颁布的《缅甸联邦共和国外国投资法》要求任何10万美元以上的海外投资必须获得该政府审批通过，缅甸政府能源部设立了专门的审查委员会进行审批。

为确保招标工作公平、公正、合规、合法，东南亚管道公司委托第三方咨询机构编写了招标文件，把工程按标段、实施节点及控制性工程等划分为5个标段，采用国际邀请招标方式选择EPC承包商，既保证了选商准确性，又确保了工期；采用分标段招标和最低价中标法，大大压缩了工程投资。在EPC总承包商合同中，对初步设计外变更与初步设计内变更分别进行定义，合理界定了初设内、初设外变更的费用处理方式，从而有效地控制了投资风险。在项目执行过程中，按照金额大小（10万美元以下，10万～100万美元，100万美元以上）分别设置了审批权限，简化了进度款审批流程。

（三）工程费用控制

1. 重视优化方案设计

中缅油气管道通过优化方案设计，从源头上控制了总投资成本。原油管道与天然气管道长距离并行敷设，油管道和气管道的站场合并建设，既节省投资、降低施工成本、减少项目占地，又利于生产运营统一管理。

通过对线路、阀室及控制性工程进行科学优化，减少了11%的天然气管线长度；通过优化线路站场和截断阀室，相比可研阶段，气管线减少了1座站场和16座阀室；取消了长约700m的若开山隧道和长约1600m的南罕隧道，改为直接爬坡敷设通过，穿跨越工程总投资减少40.67%。中缅天然气管道项目建设投资，较可研批复建设投资结余2.9亿美元，结余率14.4%；中缅原油管道项目建设投资整体可控。

2. 坚持自主管理

坚持自主管理，确保费用控制，是中缅管道项目工程建设的重要成功经验。中缅油气管道项目造价管理实行业主全面负责制，"精干业主+监理总部+EPC承包"的模式成功、高效，虽然增加了管理上的责任和难度，却节省了经费与投资。

中缅油气管道项目投资大、控制环节多、各项生产要素价格变化频繁，科学合理的造价计费依据是造价结果切实可行的基础。东南亚管道公司在项目全面建设开工前委托相关咨询单位着手调研收集造价信息，并在"十二五"期间长期聘用中国石油系统内业务强资历深的造价咨询人员组成专业造价团队，前后60余次对全线不同地区相关造价信息进行调研，及时全面地为管理层提供方便、准确、有效的信息服务，使造价管理达到规范化、系统化、程序化和科学化。

3. 动态跟踪费用指标

中缅油气管道建设期投资控制严格比对可研估算、初设概算，结合工程建设实际情况，将油气管道项目建设期1300余项合同分为5个主目录和22个二级目录进行管理，实时动态跟踪各项费用指标，做到将投资计划和实际投资进行精准比对，提前预估项目投资整体情况，准确把握投资管理的重点和难点。建设期公司连续6年年度投资计划执行力率控制在95%～100%之间，满足公司董事会和中国石油的考核要求。

4. 编制工程造价指标

为规范水工保护工程招标投标和工程结算的经营管理行为，经营计划部门组织开展了中缅油气管道水工保护工程造价参考指标编制工作，开展管道沿线地材价格和相关造价信息的调研，完成了现场数据采集（主要包括人工、机械工效测算、地材价格复核确认）等工作，建立了较为完善的人、材、机价格信息库；制定了包含16大类、236个子目的详细造价参考指标，基本涵盖了各类管道维修维护工程。

第七节　工程征地管理

缅甸政府在相关的外国人投资法案中明确规定：在各类材料准备齐全的情况下，土地征用的审批周期为两个月。但实际操作过程中，在缅甸投资的外国企业向政府递交申请进行审批时，往往手续复杂，申报周期短则两个月，长则好几年，甚至遥遥无期。正常情况下，一块土地的征地周期一般在8～14个月。

中缅油气管道项目所需征地经过缅甸境内若开邦、马圭省、曼德勒省、掸邦四个省邦，总长度793km。2009年8月，中缅油气管道项目正式开启征地工作。通过创新征地机制和征地管控，截至2013年4月，项目完成全部793km线路征地、站场阀室征地、物资中转站征地及其他各类永久和临时性征地。

（一）建立征地共同体，公平公正公开开展征地工作

在纷繁复杂的国际背景及缅甸当地宗教民族冲突时而发生的大环境下，中缅油气管道项目能够高效率、保质保量地完成征地工作，主要归功于创新建立了多项征地机制和原则，并将其贯彻于整个征地过程的始终。

1.形成征地共同体

由缅甸联邦共和国电力和能源部、缅甸国家油气公司、中国石油天然气集团有限公司、管道沿线各市政府代表、土地局代表、村民代表组成征地共同体开展征地工作；以缅甸国家油气公司的名义，收购中缅管道生产管理设施用地。

2.确保少占耕地

在征地过程中，项目尽可能不占或少占耕地；遇到学校、佛塔、寺庙、墓地、动植物保护区、文物时，一律改线让道。

3.坚持村民自愿

只要村民不同意，项目就不征用其名下的相关土地。

4.做到合理、及时赔付

项目的土地征用赔偿标准参照当时的市场价、村民的报价，由多方代表共同议定，得到各方满意的标准，并最终由当地政府发布；施工如发生临时征地或超占地，以村民满意的价格及时赔付；缅甸政府批复最终的赔偿文件后，两周内完成100%赔付达成征用的土地，先赔付50%征用款，后进场施工。在征地过程

图7-3　支付马德岛工作船码头用地补偿款

中，项目始终坚持把赔偿款直接发放到每一户村民手中，确保专款专用和被征地村民可以用赔偿金开始新生活（参见图7-3：支付马德岛工作船码头用地补偿款）。

正是坚持贯彻上述四项结合缅甸法律法规、民风民俗及项目实际情况制定出的机制，合规合法、合情合理地开展征地工作，中缅油气管道项目的土地征用才取得了较好的效果。

（二）中方引领，实现多赢

"东南亚管道公司并非中石油在缅甸投资的第一家公司，也并非在缅甸开展征地的第一家外国企业，但却是征地工作干得最出色的。"正是因为中缅油气管道项目创新征地工作思路，时刻牢记以中方引领为主，展现大国国际合作理念，才最终达到了征地工作平稳有序，项目运营长治久安，参与各方才能达到多赢共赢的良好局面。

中缅油气管道项目坚持征地复耕，在不影响管道安全的前提下，管道上方允许民众复种上了庄稼或经济作物，得到沿线民众好评（参见图7-4：当地民众在管道上方恢复玉米种植）。与此同时，中缅油气管道项目还通过社区发展援助，为被征地民众提供新的就业机会。秉承"善意、诚信、共赢"的社会责任理念，中缅油气管道项目与缅甸国家石油天然气公司共同组建了企业社会责任工作组，并设立公共关系部负责社区项目的具体实施，积极听取当地社区意见，合理规划援助项目。部分被征地居民被招录到沿线油气站场上班，收入远超过当地平均水平。目前，当地雇员分布在管道全线综合辅助、站场生产、后勤安保、管道巡线等岗位，约占全体员工总数的80%，沿线民众非常乐于加入中缅油气管道巡线队伍。

图7-4　当地民众在管道上方恢复玉米种植

第八节　物资采购

（一）大宗物资业主统一集中采购

1.物资采购国际招标

中缅油气管道项目工程建设物资分为甲方采购和承包商采购两种，对工程质量安全、投资有较大影响的设备和材料，供货周期长、技术含量高的关键设备全部纳入业主采购范围，主要有线路钢管、干线及场站阀门，自控设备、通信设备、电力设备、输油泵机组、收发球筒、压力容器、原油储罐及码头主要设备等。

中缅油气管道项目大宗物资采购和EPC招标选商一样也是通过国际招标进行（参见图7-5：线路钢管开标会）。由于物资招标评标基本上都采用了股东方缅甸国家能源公司认可的最低价中标的评标方法，拟邀请投标的供应商"短名单"就非常关键。首先，项目参照国际国内已建成油气管道设备供应商名单形成了潜在供应商"长名单"。其次，对长名单的供应商进行资格预审，设置了严格的预审条件，审查企业生产供应能力、质量控制体系、售后服务、业绩、资信状况等，有一部分供应商安排人员实地进行调研考察。最终，择优形成符合要求的供应商短名单，通过股东协议约定的工作流程形成了招标邀请"短名单"。进入招标邀请名单的都是在管道行业质量良好、具有良好业绩和口碑的供应商，也从源头上保证了物资采购的质量。

2. 重要设备驻厂监造

中缅油气管道项目狠抓关键物资的质量，对线路钢管、阀门类设备、船舶等重要物资采取了驻厂监造。在物资生产和制造过程中聘请了专业的监理公司驻厂监督，签订

图7-5　线路钢管开标会

了监造合同。在监造合同中明确监造人员的专业要求和监造流程，明确了各方职责。作为业主驻厂代表，在整个设备生产过程对各环节各节点进行质量和进度把控，并形成了完善的生产过程和检验资料。质量监造有效地保证关键物资的质量和供货进度。

（二）EPC物资采购管理

1. 承包商物资采购的甲控乙供管理模式

中缅油气管道工程对EPC采购的部分物资实行了"乙供甲控"的物资采购管理模式。乙供甲控管理的主要内容就是对列入乙供甲控清单的物资逐项落实一个承包商进行招标，其他承包商依据该承包商的招标结果逐一与中标人签订采购合同。工程主体线路共有五个施工承包商。这种采购模式使各个承包商物资品牌一致，供应商相同，不仅保证施工建设物资质量要求和进度要求，同时也方便了后期运营维护设备品牌型号的统一。

2. 承包商物资采购专人管理

指定专人跟踪承包商采购物资的进度，定期组织承包商召开物资协调会议，监督承包商的物资采购进度，并协调承包商物资采购存在的问题。

管道建设期间，中缅油气管道项目编制乙供物资采购状态表，每周都依据各个承包商统计的数据进行更新，为工程施工进度安排提供支撑和依据。对于在缅甸现场承包商需要的炸药等材料，在当地属于政府管控物资，业主统一与所在国政府管控机构联系，申请并获得物资采购使用许可，承包商按照用量提货付款即可。

3. 承包商采购代付代管

项目进行中出现了印度承包商采购不力的情况，因为自身原因没有及时给供应商支付货款等问题，导致货物迟迟不能到达现场，制约了工程进度。业主及时介入，组织相关物资供应商与EPC承包商协调，签订三方代付协议，采取业主代替承包商支付货款，后期从承包商扣除的方式，从而保证了货物的及时到货。也遇到个别承包商采购困难的情况，或承包商失去供应商的信任，只接受业主代为采购。这些应急措施，有效地保证了乙购物资的按期到位，保障了工程的按时完工。

4. EPC物资的现场管理

为了保证施工材料的质量，业主要求各个承包商充分做好当地市场调研，建立了材料采购、仓储、领用过程中的审批、监督体系，并坚持大宗材料货比三家等制度和要求。工程所有材料进入施工现场都经过了检验并有质保资料；材料进场前进行抽样复试，检测不合格的材料不准进入施工现场（参见图7-6：设备进场验收）；坚持建卡登记，积极配合现场专业监理工程师做好见证取样工作，保障了工程质量目标的顺利实现。

图7-6　设备进场验收

第九节　物流管理

（一）物流方案研究

　　根据项目初期的可研报告，缅甸境内交通基础设施薄弱，管道沿线经过地形复杂，项目建设物资用量巨大，运输距离长，运输费用在项目总造价中占比较高。为此，项目在前期委托第三方开展了物流运输方案研究（参见图7-7：物流方案研究）。被委托方对中缅管道沿线公路、铁路、河道现状，运输设备车辆能力进行调研，通过综合对比各种运输方式所需时间和相应费用，最终推荐了中国-缅甸（海运）+缅甸境内河运和公路联运输+铁路运输备用的方案；研究并制定了沿线中转站选址、内河运输码头选址以及沿线公路桥梁的修筑、加固和改造方案。通过开展物流方案

图7-7　物流方案研究

的专项研究，有效规避了交通基础设施薄弱制约项目建设物资运输的风险，保障了工程物资的可靠运输，对于降低运输费用也具有重要意义。

（二）物流规划

　　根据方案研究结果，经过反复论证，中缅油气管道项目采取了缅甸中南部地区海

运、河运，北部地区陆运的主体方案。仰光和姐告分别是物资进入缅甸主要海运口岸和陆运口岸，所以在仰光和姐告设置了两个中转站对进入缅甸的物资进口清关和接货、仓储、分发，实现了运输与清关的有效协调。同时，还在皎漂、马圭、曼德勒、地泊另设了4个中转站，用于临近段工程物资的仓储（参见图7-8：曼德勒物资中转站、图7-9：马圭物资中转站）。

物流运输过程中，采用"船船直取""一步到位"等措施，减少吊装次数，避免吊装、拖运过程出现的损伤（参见图7-10：海上运输钢管抵达仰光港后"船船直取"转内河运输）。

图7-8　曼德勒物资中转站

图7-9　马圭物资中转站

图7-10　海上运输钢管抵达仰光港后"船船直取"转内河运输

（三）物流招标模式创新

　　缅甸运输商对本国运输设备、道路、桥梁、交通等实际情况比较熟悉，但当地运输公司自有车辆、船舶比较少，且对于大宗物资的长途运输经验不足，缺乏仓储、配送管理经验，对管道建设所用物资也没有装卸防护经验。中国境内的物流商熟悉物资仓储、具有物流管理经验，但是对缅甸境内的交通运输状况了解甚少，缺乏与当地沟通能力。需要将缅甸运输商和中国物流商相结合，实现优势互补。

　　基于这一实际情况，结合规划好的中转站设置地点以及运输路径和运输方式，制定了北部、中南部两个物流总承包加钢管运输分包的招标模式。在招标时，被邀请投标的中方物流商限定在物流承包的投标，而被邀请投标的缅甸当地运输商限定在运输分包的投标。通过一次招标，择优选出了中南部地区物流承包商和北部地区物流承包商两个主体物流商，同时确定了仰光至皎漂、仰光至马圭、仰光至曼德勒、姐告至地泊四段钢管运输的分包商。中标的中国物流承包商与业主签订物流管理合同履行合同约定的物流管理及分包商管理，缅甸运输分包商与物流承包商签订运输分包合同，履

图7-11　物流开标会

行运输任务。这种模式发挥了中国优秀物流承包商管理的优势，兼顾了缅甸当地企业的利益和当地人员就业，有力保证了工程建设物资供应。

为了不耽误工期，中缅油气管道提前考察并租赁了中国姐告和缅甸仰光中转站场地，后来移交给了中标的物流承包商（参见图7-11：物流开标会）。而皎漂、马圭、曼德勒、地泊中转站由于是含在EPC招标中，提前租赁好的皎漂、马圭、曼德勒、地泊中转站用地后来转交给了相应的EPC中标承包商。

（四）物资进口申报、清关管理统一协调

中缅油气管道工程建设期间，按照缅甸政府的要求，所有进入缅甸的物资都需要进口许可申报，获得国家投资委员会批准后才能进口。进入缅甸的物资分为投资型和返回型，在进口申报环节需要明确提出，投资型物资就是工程建设所需要的建设物资，而返回型物资是承包商在施工期间需要使用的施工装备和工具等，施工完毕返回，也就是临时进口。根据相关协议，中缅油气管道建设期间所有物资均以缅甸油气公司名义进口并享受免税待遇。

中缅油气管道工程需要进口缅甸的物资专业性强、不但种类繁多而且价值高，为了物资进口效率，在缅甸首都内比都安排了工作小组入驻对接缅甸油气公司，专门负责物资的物资进口许可申报工作。承包商物资进口也是由申报工作小组负责，大部分的承包商和分包商对进口手续不熟悉，工作小组根据缅甸物资进口的要求编制了申报工作流程图，指导承包商基础申报信息的填报（参见图7-12：物资申报流程图）。在物资进口环节中，缅甸海关要求现场清关时必须由进口方随身携带许可证原件在海关办理

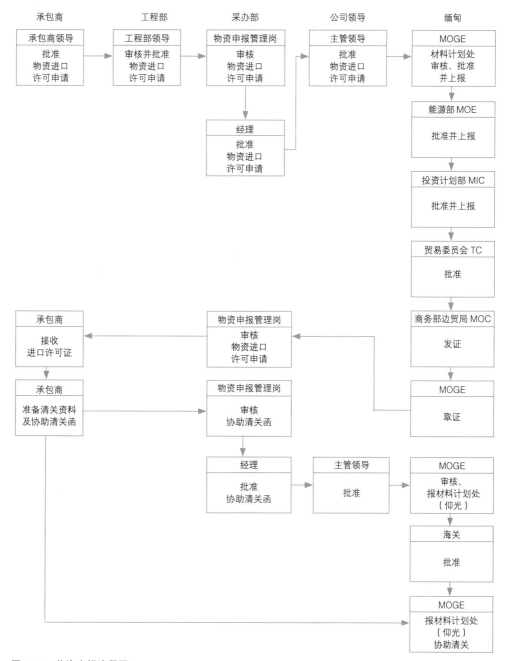

图7-12 物资申报流程图

（参见图7-13：物资进口许可证）。所以，每批货物到达之前，不但要获得进口许可批复，还需要请缅甸油气公司到海关协助清关，为缅甸油气公司工作人员提供交通及食宿。海关许可证有时间限制，一般为三个月，如果到货延迟，还需要办理延期申请。油气两条管道需要进口物资数量大、种类多，导致物资许可申报工作量大，每一批物

资对应一个许可证，在海关清关环节，对照许可证清单逐项清点。工作小组编制了进口许可物资状态表格，许可提交申请时即将物资详细信息录入，待审批完成后再录入许可证编号、审批时间、有效期等，物资进口每个环节也在状态表格详细登记。对照状态表格，督促各方安排物资准备及发货时间。工程建设后期，承包商陆续开始设备回撤，有了进口时资料信息完整基础，设备回运工作顺利。

图7-13　物资进口许可证

　　中缅油气管道作为业主方对物资进口的统一协调，保证了物资装备的及时到位，有力地保障了工程的工期，赢得了承包商的赞誉，也从根源上避免了货物清关环节上的混乱和风险。

（五）物流归口管理

　　采办部从研究物流方案委托开始，先后完成了制定物流规划、中转站场地考察租赁、组织物流招标、一直到项目建设期间，物流业务一直归口采办部统一管理，保证了物资采购与物流有效衔接、整体统一。采办部在线路钢管和其他主要设备采购初期编制了钢管及设备使用分布图，将各种规格的钢管以及各种型号的主要设备体现在分布图表里，在分布图表中同时体现出运输起始地点、中转地、使用点、承包商等信息，保证了物资分配的准确性。项目在设备运输之前还组织召开了物流质量保证体系安全会议（参见图7-14：物流质保体系会议），项目总经理亲自参加，对安全事项提出了要求，对各个管理责任进行了明确。项目编制了《东南亚原油管道有限公

图7-14　物流质保体系会议

司中转站管理规定》，作为流程性文件指导工程中的物流管理和核算管理工作。

（六）物资仓储信息管理系统的应用

中缅油气管道项目开发并使用了一套物资仓储信息管理系统，物资到库通知、货物接收、验收入库、出库等手续都能够做到"账、卡、物"一致，各库房的物资收发存动态一目了然，为工程建设提供强有力保障。仓储信息系统保障了物流管理受控，采购合同管理以及物资到货验收、结算、调拨、转资等业务活动正常进行。

第十节 工程质量管理

为全面提升工程质量、消除质量隐患，确保管道一次投产成功，中缅油气管道项目制定了《全面提升工程质量工作方案》，通过建章立制，实现工程质量全过程管理。

（一）整合完善工程质量标准

在项目建设初期，对国际通用的ASME、API等标准进行搜集，结合国内现行施工标准，组织国内行业专家确定编制中缅油气项目适用的标准、规范，为项目建设提供了标准依据。制订并发布21项合资公司标准、11项东南亚管道公司标准。

（二）严格设计文件审查

为有效保证工程图纸的设计质量，组织国内外专家审查设计图纸、对审查意见进行跟踪落实。审查人员将设计文件中的错误进行分类、分级控制，便于把控，全部做到闭合。共审查设计文件936份（按档案号计），其中线路部分181份、站场部分368份、阀室部分254份、数据单133份，均按期完成了审核归零，保证了现场施工。

（三）严格执行开工审查制度

召开"开工审计"专题会，对照先前制订的开工条件、投标文件中约定的不可替换人员及设备设施，对施工承包商营地和作业机组进行开工前硬件及软件审查，验证各种要素是否满足工程开工的各项管理要求。全线所有机组均经审查通过后方可开工。

（四）严格施工组织设计、施工方案管理

审核批复各类施工组织设计（方案）891个，监理各专业实施细则17个。对定向钻穿越、海底管道工程、跨越工程、穿越地震断裂带、滩涂地段、山区地段、管线通球、测径、试压、氮气置换等重大方案，组织专家进行论证研究，保证施工方案科学合理。

（五）关键岗位实行考试上岗

各单位关键岗位人员实行考试上岗制度，考试不合格的人员禁止上岗（参见图7-15：印度PLL焊工上岗前考试）。施工单位的焊工、防腐工和机械操作手由监理监督实行考核上岗；检测单位的无损检测评片员、审片员由监理监督实行考核上岗；监理单位的现场监理由业主监督实行考核上岗。通过这些考核制度的严格实施，尽可能消除了人为因素对工程质量、安全造成的影响，同时也促进了项目整体质量目标的实现。

（六）重要工序旁站监督

发挥工程监理的质量管理作用，对重要工序实行专业工程师全程旁站监理（参见图7-16：天然气管道PL04标段现场管道防腐补口剥离试验）。监理提前明确哪些工序为重要工序。重要工序施工前，施工单位必须提前报告，施工中必须有监理旁站监督，质量认可后方可进入下一道工序。未经监理旁站认可，该工序及后序工序全部返工重来。

图7-15　印度PLL焊工上岗前考试

图7-16　天然气管道PL04标段现场管道防腐补口剥离试验

（七）关键工序四方联合确认

金口的焊接施工条件往往较差，焊接质量控制较为困难，而且其焊接质量无法得到试压验证，所以对金口的质量管理尤为重要。中缅油气管道建立了金口台账，组织业主、监理总部、监理分部、检测承包商四方的三级评片员对金口检测底片进行联合评定会签，确保金口的焊接质量。

通球测径是检测管道是否存在变形的一道工序，直接影响管道建成投产后清管作业能否顺利进行。多次通球作业后，在放入测径板之前和取出测径板之时，业主、监理总部、监理分部、施工承包商四方都会在同一测径板上进行标记，共同确认该段管道变形是否满足规范要求。对于复杂地段，甚至雇用专业智能检测公司对埋地管道开展智能测径，整改所有超标变形点。

（八）重点材料、关键设备实行驻场监造

对钢管制造、管道防腐、弯头及管件、中高压阀门、过滤分离器和旋风分离器、组合式过滤器和自清式过滤器、锅炉、绝缘接头、清管收发球筒、空冷器、泵机组、汇气管、空压机、锚固法兰、罐板等材料设备实施驻场监造，对生产过程、检测数据、产品性能测试等进行全程监督，及时发现和解决材料设备质量问题，确保重点材料、关键设备质量受控。

（九）采用独立第三方无损检测

通过国际招标，确定了印度SIEVERT公司和阿联酋EIL公司两家专业无损检测公司作为独立第三方无损检测单位，独立设置营地，独立开展工作（参见图7-17：管道焊接无损探伤检测）。独立第三方无损检测不仅彻底消除了同体检测机制中承包商对无损检测单位的行政干预，也避免了非同体检测机制中承包商对无损检测单位的经济干预，确保了焊口评定的公正性和准确性。中缅油气管道项目的管道焊接一次合格率达到98.68%，超过了国际同类管道工程的质量指标。

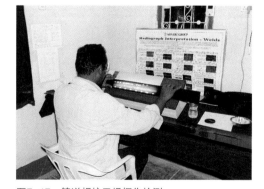

图7-17　管道焊接无损探伤检测

（十）首创焊口检测底片100%复评

2013年投产验收前，中缅油气管道首创焊口检测底片100%复评做法。组建无损检测专家团队，对建设期间线路、站场内的所有焊口的焊接底片进行100%再次评审。有明显缺陷的焊口马上进行整改，有疑似缺陷的136道焊口全部开挖验证。为此，甚至不惜二次征地、设备二次进场再作业。当时有些人对此做法感到很不理解，但后来国内发生的一些事故案例证明了底片复评的必要性。从此以后，中国国内所有大型长输管道都采用了这一做法。

业主联合监理总部根据工程进度，多次组织对线路工程的焊接质量、管道埋深、管道漏点、阴极保护、水工保护、地貌恢复和站场阀室的工艺、建筑、电力、仪表等专业进行了专项质量管理检查。投产前聘请技术专家对重要阀门进行检查和测试，引入专业检测公司对埋地管道进行防腐层漏点、管道埋深检测。

通过对上述质量管理措施和做法，从根本上保证了埋地管道"内无变形超标、外无防腐层漏点、现场焊接100%合格、投产一次成功"，成功地将中缅油气管道打造成精品工程。

第十一节　HSE管理

中缅油气管道始终贯彻中国石油集团公司赴缅工作"人员一个都不能少"的要求，认真落实"六条禁令"、把好承包商"五关"、规范"两书一表"、坚决杜绝"三违"现象，认真履行职责，提前识别风险，妥善管控风险，积极监督检查，组织HSE教育培训和应急演练，扎实稳健开展以健康（Health）、安全（Safety）、环境（Environment）为核心的HSE监督管理工作，确保工程平稳、安全、顺利进行。中缅油气管道项目从工程开工到投产试运行，未发生重大安全事故，工程沿线自然环境得到了有效保护，员工健康得到了保证，实现了"零事故、零污染、零职业伤害"的HSE总体目标。

（一）运用世行、IFC标准开展环评工作

在项目可行性研究阶段，通过国际招标委托泰国IEM公司按照世界银行及IFC标准开展了项目的环境影响评价及社会影响评价。虽然这是国际长输管道项目的通常做法，但由于投标队伍和适用标准的国际性，使得环境影响评价及社会影响评价结果的质量和公信度，得到了"四国六方"各股东的一致认可，也得到缅甸民众的高度认可。

（二）HSE合同与主合同同时签署

鉴于HSE的重要性，中缅油气管道项目在与各标段承建方签署合同时，一并签署HSE合同，明确承建方的HSE职责。通过将HSE与主合同同时签署，确保了项目建设期HSE各项责任有效落实到位。

（三）建立健全安全环保责任制

业主单位通过逐级签订安全环保责任书，确保安全环保责任横向到边、纵向到底。通过落实制度，HSE理念不断深化，公司上下把安全作为"天字号工程"和核心价值，以深化"有感领导、直线责任和属地管理"为载体，从层层签订责任书及严肃追究责任入手，推动全员落实安全责任。

（四）强化管理体系运行

通过建立了"四位一体"的HSE管理体系，使承包商安全管理行为得到规范。通过开展定期内审和管理评审，确保HSE管理体系得到有效运行。完善安全管理制度，公司在建设期出台了爆破作业、高处作业、临时用电作业等12项制度。为了满足运营期的管理要求，又出台QHSE管理体系将这些制度进行了整合与优化。

（五）完善与落实安全制度

中缅油气管道项目制定了符合现代国际上通行的职业健康安全及环境保护管理模式的HSE管理手册；针对危险性较大的分部分项工程，组织制定多个专项安全施工方案，为安全生产提供技术支撑；严把三级安全教育培训关，注重加强施工人员的安全意识教育和风险防范教育，要求新进场、转岗、复工的施工人员必须经过安全教育培训考核合格后方能上岗工作。

（六）强化施工现场安全监督检查

建立月度联合检查制度，每月下旬，业主与监理总部、监理分部、环保监理、健康监理实行联合检查，严格执行中石油"反违章六条禁令"。同时，监理单位定期上报HSE

工作周报、月报，定期识别、削减安全风险，并动态跟踪、监督安全隐患整改，督促EPC承包商对现场查出的问题及时整改闭合。

以事先控制为原则，先后下发了关于管沟防塌箱、现场安全警示牌、原油管材内壁清除锈蚀作业、射线检测施工现场安全警戒、缅籍员工安全管理、施工作业许可管理、沟下作业等一系列通知，加强了对施工承包商的管理和指导。针对沟下作业、陡坡作业、高处作业等重点领域、要害部位、关键环节进行巡视、专项检查，检查中提出建议及要求，确保施工安全。工程前期要求监理总部专门对EPC承包商沟下作业机组进行"沟下作业专项培训"，规范作业许可制度，提高了员工安全意识，保证施工安全。

每月将各承包商不符合项情况进行统计分析，形成"月度QHSE分析报告"并通报相关方，要求各承包商针对问题认真整改，采取相应防范措施预控，并做好下一阶段HSE管理工作。以人员"三证"（签证、通行证、特种作业操作证）管理为抓手，进行基层人员安全管理。

（七）首创环境监理独立工作模式

中缅油气管道首创环境监理独立工作模式，聘请中国石油安全环保技术研究院作为环境监理，开展独立的环境监理工作。

项目建设期间，各相关方始终严格按照环境评价报告书所提出的环保要求和具体措施组织施工作业。不仅施工现场产生的工业垃圾、工业废水达标处理，甚至连各施工承包商驻地也与当地有关部门签订生活垃圾、生活污水处理协议，避免环境污染事故的发生。

（八）首创健康监理独立工作模式

中缅油气管道首创健康监理独立工作模式，聘请中国石油中心医院作为健康监理，开展独立的健康监理工作。

项目建设期间，通过对沿线医疗卫生条件及潜在风险进行评估和分级后，在医疗依托较差的掸邦地泊营地和若开邦安营地分别派驻医疗方舱车，医疗方舱车配备的设备、器械先进，药品配置齐全，并相应配备经验丰富的医师和护理人员4人。对小型外伤缝合、中暑、蛇咬等突发伤害处理极为便利。医疗方舱车的派驻大大缓解了应急救治的压力，对项目的顺利实施起到了重要的保障作用。健康监理同时对所有营地和员工进行健康监督管理，包括缅籍员工工作和生活环境卫生也确保标准与中方一致，实现了全体参建人员"无一人被蛇咬伤、无一人患登革热、无一人患疟疾、无一人死亡"的目标。

（九）沿线地貌与生态恢复要求精雕细琢

中缅油气管道项目因地制宜，制定了具有针对性的沿线水土保持与生态恢复方案，减少环境足迹。在地质灾害频发地区，采取混凝土浇筑保持水土；在山区地带，通过人工播撒草籽、草袋恢复植被地貌，施工结束的第一个雨季过后，管道沿线地貌已基本恢复（参见图7-18：米坦格河跨越工程地貌恢复情况）。项目还聘请国际第三方认证机构，完成油气管道环境与社会影响评价工作，并发布了相关报告。

图7-18　米坦格河跨越工程地貌恢复情况

第十二节　社会安全管理

（一）错综复杂、变幻莫测的安全形势

中缅油气管道建设期，缅甸的群体事件和武装冲突时有发生，管道途经的若开邦、掸邦等局部区域仍存在较激烈的民族和地区冲突，缅甸北部政府军与少数民族武装的冲突不断，中部和南部民族矛盾日益激化，涉及罗兴亚人的冲突频频爆发，给中缅油气管道建设带来巨大的安全隐患。

（二）打铁还需自身硬，强化社会安全管理

以大安全理念为指导，以《社会安全管理体系》为依据，中缅油气管道项目不断强化社会安全管理，坚持"以人为本，不失一人"的指导思想，保证员工的生命和财产安全，工作生活正常进行。持续推进安保体系化建设，多措并举保证了所有参建员工在缅甸多次民族冲突骚乱、军事冲突中，未发生因社会安全管理原因造成的死亡、绑架等事件。

针对缅甸动荡的政治格局、激化的民族矛盾和高风险的社会环境，中缅油气管道项目按照集团公司要求制定了项目《社会安全管理体系》，详细地描述了社会安全管理活动的程序、标准、检测与评审，以及持续改进等方面的具体要求；密切关注缅甸安全形势，积极与当地相关部门进行沟通，确保及时掌握更多安全信息，并在当地有游行示威活动或教派冲突时雇佣当地政府安保人员驻守营地；定期组织中方人员进行安全防恐演练（参见图7-19：日常应急演练、图7-20：海上应急演练），要求所有人员除工作需要外尽量减少外出，杜绝参与游行聚会及宗教活动，严格执行人员外出请假及出差申请制度，加强项目部常驻保安夜间值岗。通过加强管道、站场、基地的"四防"措施，项目形成了"重点地段重点防护、武装警察驻站警戒、全线警企联合巡线"的安保格局，并逐步建立起"企业预防、警方打击、联合巡线、政府协调"的防护模式，对工程建设和运行起到了有效的保驾护航作用。正因为这些扎实有效的社会安全管理工作，项目连续三年获评中国石油天然气集团有限公司海外社会安全工作先进单位。

图7-19 日常应急演练

图7-20 海上应急演练

（三）临危不乱，应对得当

自项目实施以来，缅北地区政府军与各"民地武"组织的大小战事难以数计，始终没有停止。针对缅北战事不断，项目调整工作任务和安排，确保生产和员工安全，并要求"若员工安全无保障，则不能到达工作区域"。

加强现场与克钦独立军、德昂民族解放军等"民地武"组织的沟通，并通过与缅甸政府之间的联系，研判现场形势；积极与各方联络，通过特殊渠道获得信息并进行研判，指导现场安全运营工作。战事爆发期间，禁止中方人员前往掸邦北部南木渡、木姐至南坎一线及克钦邦八莫、曼西和迈扎卡等敏感地区，待安全局势稳定后再做调整。要求我方赴缅北地区人员严格按照缅方要求的流程及时提供相关资料，并在缅甸石油天然气公司（MOGE）特殊官员陪同下，进入现场工作，人身财产相对安全。紧急下发《关于规范公司（赴）缅北员工行为要求的通知》，对公司员工的行为提出明确要求。

马德岛港航道疏浚施工期间，在2012年6月和10月22日～24日，项目沿线爆发两次大规模民族冲突事件，皎漂市正处于漩涡中心。在第二次突发骚乱期间，几十条难民船在外航道现场围住刚投入施工的绞吸破岩船索要油、水和粮食，船舶人员安全形势一度严峻。

事件发生后，原油码头及航道疏浚项目部立即启动应急预案，第一时间向港务局和海军报告寻求帮助。为避免与难民发生冲突，本着人道主义原则，项目部给难民船"加油上水"后促使其自动离开。随后，项目部现场指挥把施工船舶转移至安全区域暂时停工，要求营地人员无特殊原因禁止外出，并加强营地安保力量，确保人员和财产不受损失。在项目部对骚乱事件快速反应和正确果断处理下，施工人员和设备有惊无险两次安全度过骚乱事件，并在事件平息后最短时间内恢复项目施工。

第八章 关键技术

Chapter 8 Key Technologies

在项目建设过程中，中缅油气管道形成了并行油气管道设计、复杂地区管道施工、30万t级原油港口设计建造等关键技术。通过新技术的运用和推广，项目带动了一批中国技术和中国标准走出国门，充分展现了中国建造的风采。

第一节 并行油气管道设计关键技术

（一）机载激光雷达测量技术

中缅油气管道途经孟加拉湾东海岸滩涂，长距离翻越险峻的若开山，所经滩涂广泛分布红树林区域。若开山不仅山高谷深，而且高山密林、植被茂密，常规工程测量和航空摄影测量都无法实施，必须探索采用新的管道测量技术。近年来，激光雷达测距技术发展迅速，高精度测距的特点使其应用领域日益拓宽，中缅管道如果选用机载GPS和地面GPS同步工作，可以解决测量线路的整体设计、高精度定位定向系统（POS）数据精密解算、点云数据处理和DOM数据处理技术等测量工程所面临的技术难题。虽然国际上已有应用案例，但技术资料难以获取，而我国机载激光雷达测量技术刚刚起步，可借鉴的技术经验非常有限。

通过整体设计，项目编制了机载激光雷达测量技术与长输管道工程特点相结合的《中缅油气管道工程（缅甸段）激光雷达测量统一技术规定》，指导中缅管道测量工作。该技术整体设计合理，一次测量的有效范围足够大，即便后期历次调整线路，均未超出1200m的数据廊带区域，为工程顺利实施节省了宝贵时间（参见图8-1：机载激光雷达测量技术原理）。另外在传统测量不易达到的若开山和滩涂红树林区域，采用此技术测量数据精度高、质量高、稳定性好，保障了中缅管道建设中未发生一起因为测量质量问题造成的事故。

（二）大口径并行海底管道设计技术

中缅油气管道海底管道位于干线的初始段，起于靠近兰里岛的东经93° 41'、北纬19° 21' 的马德岛附近海域，在马德岛东面与陆上管道相连，穿越弗莱彻海峡后，再

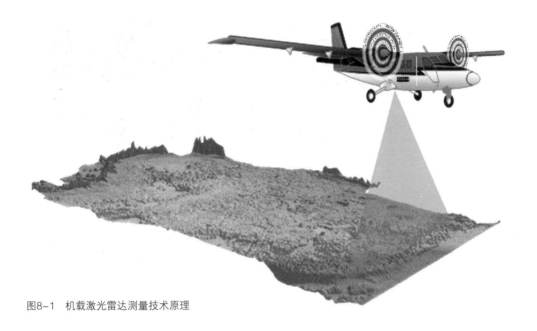

图8-1 机载激光雷达测量技术原理

次连接陆上管道，线路长度约5.56km，最大水深约22m。中缅油气管道海底管道工程包括原油管道、天然气管道和海底光缆，其中原油管道设计压力为10MPa、管道外径813mm，天然气管道设计压力10MPa、管道外径1016mm，海底光缆为48芯G652钢丝铠装光缆。油气管道近距离并行，中间夹有光缆铺设，地质情况非常复杂。

　　海底管道敷设是制约中缅油气管道项目能否顺利按期投产的一个瓶颈。本工程海底管道直径大，油气两条管道并行敷设，设计施工经验少；加之缅甸马德岛附近弗莱彻海峡地质情况复杂，表层为承载力低的流塑状淤泥；而且恶劣的环境条件对该区域海底管道的敷设、施工以及运行构成了严峻的挑战。项目针对马德岛地区地质条件的特点，开展了油气管道设计及施工方法研究，包括海底管道强度分析、海底管道铺设间距分析、海底管道敷设深度分析、海底管道成沟方式、海底管道自由悬跨长度分析与计算、海底管道保护以及海底管道登陆段处理等研究。相关研究成果为中缅海底管道的设计、铺设提供了有力的技术保障。

（三）原油输送主泵天然气直接驱动技术

　　缅甸境内电网较为薄弱，电力严重短缺，中缅原油管道途经的大部分地区属缺电地区。其中，马德首站就处于无电区，沿线的中间泵站或处于无电区，或处于可靠性和能力均很薄弱的农电电网覆盖下。即使在有电力供应的地区，供电的可靠性和稳定性也难以得到很好的保证，无法满足本工程输油泵的用电需求。

图8-2　原油输送主泵驱动机组

　　在无法依靠当地电网提供电力驱动输油主泵的情况下，保证原油管道安全、稳定、长期有效地运行是中缅原油管道设计过程中面临的重要问题。当时，中国尚没有燃气轮机或天然气发动机驱动输油主泵的先例。在中国长输原油管道上，只有花土沟—格尔木原油管道和阿尔善—赛汗塔拉输油管道应用过柴油机驱动主泵。为了确保中缅原油管道设计工作的顺利开展，掌握燃气轮机或发动机驱动输油主泵的设计选型理念、燃气轮机或发动机驱动输油主泵在经济技术等方面的优缺点，中缅油气管道项目开展了专题技术研究。通过对原油管道输油主泵不同驱动方案进行对比分析，考虑到中缅油气管道工程不同期投产的可能性，如果天然气管道先于原油管道投产时，本工程各泵站输油主泵的驱动系统推荐采用天然气发动机方案，站内辅助系统用电采用小型天然气发动机＋电机的发电方式；如果天然气管道后于原油管道投产时，本工程各泵站输油主泵驱动系统推荐采用混合燃料发动机，站内辅助系统用电采用小型原油发动机＋电机的发电方式。

　　中缅天然气管道于2013年成功投产，为天然气发动机提供充足的燃料保障，原油管道最终应用了天然气发动机直接驱动输油主泵的方案。中缅原油管道全线共应用了10套机组，在2015年首先完成了各套机组的空载测试，实现了机组单体的运行测试（参见图8-2：原油输送主泵驱动机组）。2016年水联运期间完成了带载测试，2017年5月，投产一次成功。

　　作为一项缺乏应用先例的输油主泵运行方式，公司开展了一系列的研究，其中《天然气发动机驱泵运行技术研究》获得2019年度中油国际管道公司科技进步成果一等奖，本项研究结合中缅原油管道水力系统，对天然气发动机组、齿轮箱、泵体进行系统研究，总结投产调试、试运行过程中的经验，解决天然气发动机驱泵关键技术问题，填补了该技术理论研究的空白。目前，各套机组运行正常。

（四）相邻油气站场集成统一供配电

中缅油气管道双线并行，供配电系统采用节能环保高效的技术方案，实现了相邻油气站场的电源系统集成统一供配电。相邻油气站场使用同一套供配电系统实现电源供应，并将全线主要设备的运行参数和能耗数据上传至站控和调控中心，可以实时监测设备状态及能耗水平（参见图8-3：环网柜和继电保护系统）。在管道项目建设中，首次实现了输油泵站、天然气站场和油气计量站的集成统一供配电系统，既满足了油气不同的供电要求，又大幅降低了运行维护成本，节约了大量工程投资。

油气站场集成统一供配电采用当今先进的工控技术、网络技术、通信技术以及系统设计理念，实现了多台天然气发电机和柴油发电机混合以及多模式运行的电源自动控制，大大减少了人为干预，降低了人力成本，提高了供电的可靠性。在供电网络通畅的地区，通过优先选用当地电网作为主供电源，同时配以发电机系统（天然气/柴油）作为备用电源（参见图8-4：备用天然气发电机组），并设置不间断电源系统作为应急供电电源，既保证了站场极高的供电可靠性，又达到了节能的目标。

针对缅甸的电源质量差、不稳定的特点，项目采用了全自动电压控制调节技术和补偿滤波技术，保证站场各系统的正常运行。同时，市电系统、发电系统、不间断电源系统之间的全自动切换、复位控制技术实现了站场供电系统的稳定运行。以天然气为燃料的独立电站系统和太阳能发电系统的综合应用，实现了中缅油气管道绿色、节能、环保的建设目标。

图8-3 环网柜和继电保护系统

图8-4 备用天然气发电机组

第二节 复杂地区管道施工技术

（一）油气双管大型桁架跨越施工监测技术

缅甸境内社会依托环境差，缺乏大型吊装设备，在米坦格河跨越工程中，经过现场反复论证及理论计算，最终采用"滑轮组＋桅杆"组合的方式完成跨越桁架的安装施工。由于桁架重、体积大，牵引过程中悬臂长，没有实时的数据作为支撑，如何将其安全放至桥墩规定位置，成为工程的最大难点。通过采用桅杆牵引结合应力应变监控方法，为施工方案优化提供了最重要依据，保证了工程的安全实施，同时又节约了费用、减少了工期。为了保证牵引过程中应力、应变在安全范围并可实时监控，米坦格河跨越工程的桁架牵引施工中，应用了自主研发的"应力应变实时监控技术"（参见图8-5：结构计算模型）。

应力应变监控技术的引入为中缅油气管道部分管段的施工方案优化提供了最重要依据。在保证安全的前提下，不仅节约施工成本和工期，而且确保了米坦格河跨越施工顺利完成（参见图8-6：米坦格河桁架整体发送）。该技术的形成和在中缅油气管道项目中的成果运用，为这项技术的进一步推广提供了很好的途径和案例借鉴。

（二）定向钻穿越辅助夯套管施工减阻技术

在油气管道定向钻穿越工程中，通过在出入土端采用夯套管方式隔离不良地层是非开挖领域中常用的技术措施。夯套管施工法是指用夯管锤（低频、大冲击的气动冲击

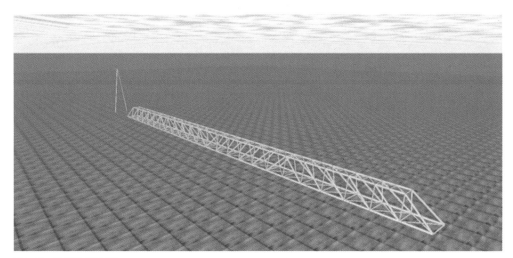

图8-5 结构计算模型

图8-6 米坦格河桁架整体发送

图8-7 大型钢套管夯

器）将钢质套管直接夯入底层，夯管锤的冲击力直接作用在套管的后端，再通过套管传递到前端的切削环上切削土体，并克服土层与套管的摩擦力，使套管不断进入地层。随着套管的前进，被切削的土芯进入钢套管内，然后采用人工、搅笼、水力冲击等方法进行土芯清除，从而完成套管的安装。

结合上述方法，中缅油气管道项目针对伊洛瓦底江穿越河段开展定向钻穿越辅助夯套管施工减阻技术研究，通过优化泥浆喷射点布置、优化泥浆配比、改进施工方法等手段，用钢套将粗砂、砾砂隔离，成功实现了对缅甸第一大河的穿越（参见图8-7：大型钢套管夯）。

第三节　30万t级原油港口设计建造及配套技术

（一）航道优化设计技术

中缅油气管道项目配套建设了30万t级原油接卸港口，以及长达38km的航道。码头位于胶漂湾内，而航道须通往外海，外海与湾内存在水位差和潮时差；航道所利用的天然潮沟呈"Z"形，转弯较多，湾内水深条件好，无须疏浚，而外海区域水深较浅，疏浚范围较大；由于航道较长，不同航段的流速与流向差异较大；同时，航道还需要避让"税气田"项目的海底管道。因此，该航道的设计条件较为复杂。

在设计过程中，中缅油气管道项目充分利用了上述复杂条件中的有利因素，并克服了航道路由加长的不利影响。根据不同航段确定通航条件和设计尺度，同时尽可能减少转向次数和转向角度，为船舶通航创造较好的条件。设计方案在满足码头营运要求的基础上，考虑油轮航行及靠泊时间，利用长航道潮时差（外海潮时和马德岛潮时差约0.5小时），提高乘潮水位，有效降低了疏浚工程量，节约了建设工期与投资（参见图8-8：30万t级原油港口航道示意）。

（二）绞吸船长波暗涌下破岩施工技术

中缅原油管道工程航道建设疏浚工程总量为1023万m^3，其中挖岩73万m^3。根据地质土层分布情况，疏浚土主要包括粉细砂、强风化泥岩、强风化泥质粉砂岩和中风化泥质粉砂岩等多种类型，按照回淤强度，施工工期按2年考虑。工程量大、自然环境恶劣、工期紧为航道疏浚提出了严峻的技术挑战。绞吸船长波暗涌下破岩施工技术在此背景下应运而生，中缅油气管道建设中的成功应用，有效提高工时利率达5%以上，为航道提前完工创造了有利条件（参见图8-9：施工中的绞吸船）。

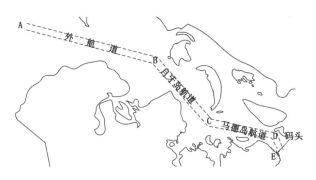

图8-8　30万t级原油港口航道示意

图8-9　施工中的绞吸船

（三）30万t级油轮满载进港操纵模拟试验技术

从全球范围看，港口进港吃水深于15m已经被视为世界级深水港口，有的港口进港吃水达到11m，就作为深水港口来管理。马德岛港不仅有缅甸海上38km航道，而且包括30万t原油码头、8艘港作船舶以及若干配套设施，目前超大型油轮（VLCC）进港吃水达到了21m，满足了200万桶满载超大型油轮进港要求，属世界级深水良港。据国际溢油应急组织反馈，若该区域发生超大型油轮的大型溢油事件，经济损失将至少超过400亿美元。30万t级油轮满载进港操纵等关键技术的应用可以有效防止类似环保事件的发生。

30万t级油轮满载进港模拟实验包括靠泊、系泊两部分，具体包括靠泊时间窗口、拖船配置、航道操纵、入泊操纵水动力估算、缆绳总体调整方法、几种特定情况下的缆绳调整技术、根据潮汐涨落及船舶吃水的变化情况缆绳调整技术等内容。通过开展30万t级油轮满载进港模拟试验，掌握了马德岛港满载超大型油轮靠泊及系泊安全操作核心技术，有效保障了港口的安全运营（参见图8-10：30万t级满载油轮停靠马德岛原油码头）。

（四）水下用高性能混凝土配方及施工技术

水下不分散混凝土工程是中缅原油管道项目原油码头工程中的深水软岩封闭工艺。在基槽挖泥成型（挖泥、清礁）后、基床抛石前施工，将混凝土铺满整个基槽底部，水

图8-10　30万t级满载油轮停靠马德岛原油码头

下混凝土的主要作用是对基槽开挖后形成的新鲜岩面（持力层为中风化泥岩）进行封闭，阻断中风化泥岩层与海水的接触，防止其长时间在海水浸泡下发生弱化、崩解对码头稳定性造成影响。

在集成国内现有技术、引进国外先进技术的基础上，结合本工程施工现场的地理环境、人文状况及施工条件等实际情况，分析归纳出了影响水下不分散混凝土浇筑质量的主要因素，并针对此类因素制定出相应的应对措施，攻克了水下混凝土的高性能要求、普通浇筑工艺混凝土易分散、深水条件下（最深达42m）混凝土厚度不易控制及难以精确定位的四大技术难题。通过自主创新、集成创新和消化吸收再创新，在水下不分散混凝土配合比、导管触底并增加活动套筒的新型浇筑工艺、采用体积平衡法确定浇筑方量及利用导向桁架保证导管的垂直度4个方面开展了技术创新。

（五）水下不分散混凝土封底的重力式沉箱码头设计

基础是港口或海岸工程建筑物的重要组成部分，其主要功能包括将上部结构传来的外力扩散到较大范围的地基上，以减小地基应力和建筑物的沉降；保护地基免受波浪和水流的淘刷；整平基面，便于上部结构的砌筑或安装。中缅原油管道项目原油码头工程沉箱下的抛石基床坐落在中风化泥岩或微风化泥岩上。在泥岩上直接抛筑块石基床不能将泥岩与水隔离，泥岩在水长期作用下会产生软化和泥化现象，对水工建筑物稳定性和承载能力将会产生较大的不利影响。

为解决泥岩遇水泥化和软化的问题，经过多次技术会议讨论并听取多位专家意见，后期主要针对大直径全断面嵌岩桩码头结构方案和采用水下不分散混凝土封底的重力式沉箱方案进行了详细比选，最终选用了水下不分散混凝土封底的重力式沉箱码头，开挖基槽后现浇水下不分散混凝土进行封底，浇筑混凝土前需用高压水冲去表面的软弱层。具体实施方法是利用挖泥船并配合水下爆破挖除覆盖土层至符合要求的泥岩基面，在潜水员的引导下用高压水清除表面残渣后，再采用导管法浇筑1000mm厚水下不分散混凝土覆盖于泥岩地基表面，利用水下不分散混凝土的自流平特性与泥岩紧密结合，封闭新鲜岩面，阻断泥岩与海水接触，再抛填块石基床，其上安放直径为18m的圆形沉箱（参见图8-11：原油码头沉箱出运）。

采用水下不分散混凝土封底的重力式沉箱码头很好地解决了在泥岩地基上建设码头的问题，用很少的投资保证了中缅油气管道原油码头工程的安全性。这种结构经过总结与提升，成功获得了实用新型技术专利。

图8-11　原油码头沉箱出运

（六）锚拉式重力式方块工作船码头设计

中缅原油管道项目的工作船码头长度为150m，码头顶面标高5.0m，码头前沿设计水深为-8.5m。

中缅原油管道项目最初的工作船码头设计与施工均是按照基本地震加速度值为0.15g进行的。在施工期间，地震评价单位将水平地震加速度提高到0.28g，增加了巨大的水平地震作用，原码头设计方案的整体稳定性包括抗滑稳定性、抗倾稳定性和基床应力均不满足规范要求。由于当时所有的混凝土方块及卸荷板均已预制完成并已经安装了一部分，可供选择的常规加固措施已经所剩无几，需要根据实际施工现状重新进行抗震核算。

经过多方案比对，最终选择了在原设计的基础上增加一套锚拉结构。该锚拉结构包括拉杆、前锚碇端头、后锚碇端头和锚碇结构（参见图8-12：工作船码头锚拉杆防腐施工现场）。工作船码头采用的锚拉式重力式方块结构是一种有别于以往的新型重力式结构，该结构已获得实用新型专利。锚拉式重力式方块码头是在常规的重力式方块码头的基础上增加了一套锚拉结构，该结构与重力式方块码头基本结构配合使用，增强了码头的整体稳定性包括抗滑稳定性、抗倾稳定力性，改善了基床应力分布，从而减少了墙身宽度，放宽了对墙后回填料的材质要求，优化了结构断面尺寸。

（七）基槽爆破防护施工技术

中缅原油管道项目原油码头工程1号系缆墩基坑底边线距离已建成的工作船码头主体结构最小距离仅40.24m，为保证工作船码头的安全，水下基槽爆破施工时采取了多项创新防护措施。

1. 气泡帷幕防护技术

在爆源与保护对象之间的水底设置一套气泡发射装置来产生大量气泡。实际施工中，在工作船码头临近基坑一侧水下设置气泡发生装置（参见图8-13：气泡帷幕装置示意图）。该装置底部采用钢管两侧开设两排小孔，向发射装置输入压缩空气后，大量细小气泡便从小孔射出，由水底向水面不断运动，形成一道气泡帷幕。爆破产生的冲击波能量在气泡表面发生漫反射，被气泡吸收转变为热能，有效削弱冲击波压力峰值，对已建成的工作船码头起到防护作用。

2. 预裂减震孔

考虑到1号系缆墩基槽距离已建的工作船码头太近，水下爆破必须控制单次同时起爆药量，结合实际工程情况，在1号系缆墩基槽靠近工作船码头方向设置了2排预裂减

图8-12 工作船码头锚拉杆防腐施工现场

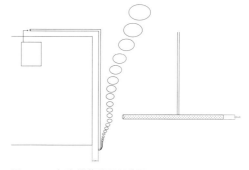

图8-13 气泡帷幕装置示意图

震孔，排距为0.5m，孔距为1m，孔径为110mm。

3. 毫秒微差技术

毫秒微差技术能有效降低一次爆破振动，将一次总爆破药量分成小段药量起爆。根据毫秒导爆雷管情况，目前有毫秒雷管1ms、3ms、5ms、7ms、9ms。微差爆破时差选择是否合理直接影响爆破效果；时差选取过小，达不到微差效果；时差选取过大，则有可能改变后排炮孔抵抗线产生冲炮。因此选择1ms、5ms、7ms、9ms四个段位。

4. 借力爆破

1号系缆墩爆破从海侧往岸侧顺序施工，从海侧往岸侧6排炮孔钻孔深度在6～8m，因海侧爆层较薄、距工作船码头距离60～103m，爆破施工可以一次到设计底标高。这部分爆破施工完成后，进行清礁，这样对后面要爆破的岩体形成一个自由面，可以降低炸药的单耗，从而能降低一次爆破药量。

5. 分层爆破开挖

海侧往岸侧6排炮孔施工完成后，后面的10排炮孔进行分层爆破开挖。第一层钻孔深度到-29.5m，爆破施工完成后进行清礁。清礁完成再进行第二层爆破开挖，第二层钻孔到设计底标高。通过分层施工，减小了爆破威力，减弱了对工作船码头的影响。

通过以上防护措施，并在爆破施工中在工作船码头上进行震波监测及每次爆破完成后对工作船码头进行位移监测。数据表明，爆破施工未对工作船码头造成影响。

（八）深基槽开挖及厚基床抛石施工技术

本工程基槽开挖最大底标高为-39m，设计高水位为3.11m，最大开挖深度为42.11m，相邻两基坑高差最大为8m，基床抛石的最大厚度为10.75m，为了保证施工质量，采取了多项措施。

一是由于基槽开挖水深很大，水流对施工影响很大，为了保证施工质量现场采用国内最先进的18m³挖泥船进行施工，并在流速超过2m/s时挖泥船停止施工。

二是基槽开挖最深的基坑的岩石最大厚度达到17m，为保证水下爆破效果，项目部采用了能量更大、性能更好的新型炸药"震源药柱"，分层爆破施工。先将相邻两个基坑统一爆破至底标高-31m，然后再将深基坑施工到最终的-39m底标高。

三是基床抛石选在每天的高平潮和低平潮进行施工，高平潮作业时间为2~3h，低平潮1~2h，作业时间有限，对工期影响较大。因此必须合理充分利用所有的潮水时机进行施工，每天赶4个潮水进行施工，顺利完成基床抛石的节点工期。

为保证抛石质量，基床抛石厚度控制2m一层。一层抛石验收结束后进行基床夯实，夯实船选8m³挖泥船吊重锤进行夯实作业，夯锤重量为5t，落距为3~4m，每锤的冲击能为150~200kJ/m²。基床夯实采用纵横向邻近压半夯，并采取两遍夯，八夯次。夯实验收合格后方可进行下一层的抛石，抛石和夯实交替进行。

通过以上措施，因地制宜，合理选用新材料、新工艺，抛石基床的平整度及密实度均为合格，沉箱安装后的沉降量符合规范及设计要求。

（九）超高圆筒沉箱预制、出运及安装施工技术

1. 合理设计模板

本工程预制的圆筒沉箱最大高度为30.05m，圆筒直径18m，重量为3941t，高沉箱的预制对工艺和设备要求很高，为了确保工程质量、进度和安全，沉箱预制也进行了工艺创新，解决了沉箱高度高、重量重的难题。

首先，为保证沉箱外观质量，沉箱预制采用钢模板定型整体拼装、分层浇筑的施工工艺。30.05m沉箱分8次进行浇筑，每一层浇筑的接缝采用厚度5mm、宽30mm的泡沫止浆条进行处理。外模采用4块1/4圆的模板进行拼装，每块模板接缝设有阴阳榫，中间放置止浆条，确保沉箱预制的外观质量。

沉箱的底模在国内一般都采用抽砂工艺，考虑到现场严格的HSE管理及海外施工中国现代化企业优质形象的树立，项目部放弃了对场区环境影响较大的抽砂工艺，创新式地采用"工字钢+模板"的底膜工艺，既保证了施工质量，又很好地保护了现场施工环境。

其次，针对沉箱高度高、重量大，大体积混凝土容易发生开裂等问题，项目部沉箱浇筑采用降低水化热、选用温度较低的原材料进行混凝土拌制，在夜间温度降低时进行混凝土浇筑，浇筑完成后及时覆盖遮蔽洒水降温等措施，确保混凝土外观质量（参见

图8-14 沉箱预制

图8-14：沉箱预制）。

通过采取以上措施，沉箱预制创新工艺既加快了施工进度，确保外观质量要求，同时也满足了HSE管理要求，赢得了监理及业主单位的好评。

2.合理安排施工船舶

本项目圆筒沉箱高径比很大，重心高度达到12.38m，沉箱安装对浮船坞的船舶性能和稳性要求高。通过因地制宜，改进施工工艺，安全、高效地完成超高、超重圆筒沉箱安装（参见图8-15：超高圆筒沉箱出运）。

首先，为安全完成沉箱安装施工，本工程采用的浮船坞长度100m，宽度为40m，型深7m，最大下潜深度为26.5m，最大载重量为15000t。本船适用于沿海航区下潜/起浮作业，流速不大于1.5m/s；对浮船坞稳性考核的海况为：蒲氏风级不超过6级，有义波高不超过0.5m的水域；或蒲氏风级不超过4级，有义波高不超过1m的水域。

第二，浮船坞施工前在国内进行2次下潜海试，包括空载下潜和装载一条起重船下潜，用于检测浮船坞的整体结构性能和下潜状态。浮船坞到缅甸施工现场后，根据施工区域的海况再次空载下潜，用于掌握实际条件下浮船坞下潜的各项指标和性能参数，为沉箱安装提供技术参数。

第三，在施工前，为了增加浮船坞的稳性，在浮船坞船尾塔楼外侧两边各增加一个长度12m、宽度1.2m、高度4.5m的浮箱。相当于增加了12500t·m的惯性矩，使得浮船坞的稳性高度增加0.45m，确保了施工安全。

图8-15　超高圆筒沉箱出运

第四，下潜前将浮船坞顶面甲板上的临时重物清理干净，同时下潜过程中不得使用吊机，用于降低浮船坞的整体重心。

第五，通过改造压载舱的透气孔，消减了浮船坞加压载水时的自由液面，对浮船坞的稳性起到至关重要的作用。

第六，沉箱安装的时机选择在每个月的小潮汛段进行施工，同时从国内采购2台流速测量仪器，全天测量安装部位的流速变化情况，用于指导现场安装施工。

项目部在沉箱安装过程中通过加强管理、优化施工工艺，克服了在工程施工中出现的质量、进度、安全等问题，提高工程质量，最后按照节点工期顺利完成了超高圆筒沉箱的安装，保证了施工总体进度，同时沉箱安装的定位精准度符合设计和使用要求。

第四节　新技术推广应用

2010年10月，中国住房和城乡建设部发布了《关于做好〈建筑业10项新技术（2010）〉推广应用的通知》（建质〔2010〕170号），号召建筑业加大对地基基础和地下空间工程技术、混凝土技术、钢筋及预应力技术、模板及脚手架技术、钢结构技术、机电安装工程技术、绿色施工技术、防水技术、抗震加固与检测技术和信息化应用技术10项新技术的推广和应用力度。

中缅油气管道项目积极响应号召，在建设中应用了10项新技术中的7大类11小项，以及11项其他长输管道施工相关的高新技术和关键技术，包括非开挖埋管施工技术、高耐久性混凝土技术、高精度自动测量控制技术、机载激光雷达测量技术、大口径并行海底管道设计技术等共计22项（参见表8-1：中缅油气管道推广应用高新技术统计），以实际行动为推广有利于建筑业结构升级和可持续发展的共性技术和关键技术做出了积极贡献。鉴于中缅油气管道"四国六方"的国际合作属性，项目对新技术的应用充分展现了中国建造技术的先进性，并积极带动了相关新技术及其标准走出国门，走向世界。

中缅油气管道推广应用高新技术统计表　　　　　　　　　　表8-1

序号	建筑业 10 项新技术	序号	其他长输管道施工新技术
1	非开挖埋管施工技术	12	机载激光雷达测量技术
2	高耐久性混凝土技术	13	海底管道三维技术
3	大型钢结构滑移安装施工技术	14	大口径并行海底管道设计技术
4	高强度钢材应用技术	15	铺管船海管铺设技术
5	管线综合布置技术	16	高地震烈度及断裂带管道设计技术
6	施工过程水回收利用技术	17	大口径双管穿跨越设计技术
7	现浇混凝土外墙外保温施工技术	18	SCADA 远程控制技术
8	结构安全性监测技术	19	大口径管道机械化施工作业技术
9	开挖爆破监测技术	20	定向钻穿越钻具受力动力分析技术
10	高精度自动测量控制技术	21	水下冲击成孔技术
11	建设工程资源计划管理技术	22	泥浆回收再利用技术等

第五节　新产品发明

鉴于中缅油气管道沿线施工情况复杂，技术难题层出不穷，既有的施工器械难以克服项目施工碰到的一些技术难题。因此，项目在建设过程中根据实际情况需要，开拓创新，研制了一批适用于本项目建设，并具有一定推广意义的新产品。其中，最具代表性的包括山地挖掘机、山地综合运管车和投产前管道验收检测器。

（一）山地挖掘机

为了解决若开山区和缅北山区陡坡众多、传统挖掘机无法进行管沟开挖的难题，中缅油气管道项目参建方中石油管道局通过现场攻关，在传统挖掘机的基础上增加了平台调平功能，改造出一款用于山地挖掘作业的专用施工机械（参见图8-16：改善后的山地挖掘机）。改善后的山地挖掘机大大改善了设备操作工况，提高了山地大坡度作业功效，同时保证了操作手的安全。

（二）山地综合运管车

中缅油气管道项目途经的若开山区和缅北山区沿线因坡度过陡，传统吊管机无法作业。针对此问题，中国石油天然气管道局研制出一款多用途综合运管车（参见图8-17：山地综合运管车）。这款山地综合运管车主要具有运管、伴行牵引和自行牵引三项功

图8-16　改善后的山地挖掘机

图8-17　山地综合运管车

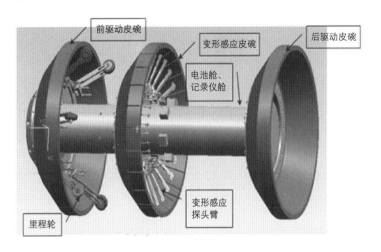

图8-18　管道验收检测器用探头

能，通过无线遥控和电控手柄控制，能够适应坡度陡、坡度变化大的山地施工工况，大大提高了山地运管的施工效率，保障了施工的安全。

（三）投产前管道验收检测器

为了保证埋地管道（尤其是山区地段）的变形量在规定范围内，中国石油天然气管道局自主研制了管道验收检测器（参见图8-18：管道验收检测器用探头），并首次在中缅管线投产前应用。该项技术开启了在新建管道中应用智能测径设备的国内先河，能一次性检测到管道中所有超标形变，大大缩短了新建管道形变的验收周期，对未来管道建设施工质量起到了督促和监督的作用。

第九章 运营与维护
Chapter 9　Operation and Maintenance

中缅油气管道作为中国在缅甸"一带一路"倡议的先导项目和典型范例，不仅有利于实现我国能源供应多元化，而且对于缅甸的经济社会发展具有很大的促进作用。作为一个国际化的项目，中缅油气管道项目完全按照国际化商业模式进行运营、管理和维护。

第一节　照输不议与技术保证

为了保障油气管道的内部收益率，中缅油气管道运输协议均采用"照输不议"条款来规范托运方与承运方的行为，平衡双方的利益。相比中缅原油管道简化版的"照输不议"模式，中缅天然气管道项目"照输不议"内容更详细和更有代表性，本书将重点介绍中缅天然气管道的"照输不议"模式。

（一）背景情况

从某种角度讲，"照输不议"合同模式源于"照付不议"合同，两者的本质是一样的：即使卖方未提供产品或者服务，买方仍必须支付一定款项的协议。两者最大的区别在于责任主体不一样，在天然气购销协议中通常称为"照付不议"，是买方对卖方应承担的义务，与卖方的"照供不误"相对应；在运输协议中通常称为"照输不议"，是买方（购买运输服务）对承运方（提供运输服务）应承担的义务，与承运方"照运不误"相对应。

1. 照付不议

照付不议合同兴起于20世纪50年代的美国，源于天然气生产商和管道运营商之间艰难的谈判。最初，天然气生产商需要向管道运营商承诺排他性的供气井或储备，而管道商却没有必须的义务去购买足够的天然气。这种不对称的权利分配使得天然气生产商面临着巨大的财务风险。天然气需求具有明显的季节性，在用气需求较低的季节，管道商甚至可以停止购气，而天然气生产的季节性并不明显，且严重依赖管道商。天然气生产商逐渐意识到自己的不利地位，于是与管道商展开了长期而艰难的"照付不议"谈判。

照付不议合同的本质是将天然气生产商、管输公司以及销售公司和用户捆绑在一起，共同承担生产、输配和使用的风险问题。照付不议合同的核心是买方必须按照买卖双方合同约定的产品价格、数量和质量，持续不间断地从卖方购买产品。除非遇有特殊情况，否则不能随意变更或者终止合同。换而言之，只要卖方履行了照供不误的义务，买方就必须在付款方面履行照付不议的义务，按照约定的照付不议量接收产品；即使接收的产品数量少于约定的量，也要按约定的量照付价款和费用，少接收的量可以留待次年提取。

2. 照输不议

为了适应天然气贸易市场格局不断发展的需要，管道运营商逐渐将运输业务和销售业务分别独立运营，慢慢形成了"生产、运输、销售"三位一体的格局。在这样的产业链格局中，对上游天然气生产方而言，天然气勘探开发项目投资大、风险高、融资难，项目实施与否主要取决于能否与买方签署足够量的长期买卖合同，保障所生产的天然气有稳定买家。对于运输方而言，在管道设施建设中面临着与生产方相同的问题，管道投资建成后，也要保证上游天然气供应的安全性、稳定性和可靠性，保障运输企业有气可输。这就要求运输方与买方（托运方）建立长期的天然气运输合同，以确保稳定的供应链，也就是所谓的"照输不议"合同。

照输不议合同的核心思想是托运人和承运人双方通过签署运输协议约定最低天然气运输数量，即照输不议量。无特殊情况下，只要承运方履行了"照运无误"义务，托运方就要按照合同的约定的天然气数量在管道入口点向承运方提供天然气并在出口点接收该天然气。若托运方年度实际输气量低于年度照输不议量，托运方就要承担"照输不议"义务，对于少输的气量，要照付管输费。托运方可以在合同约定的后续年限补提此部分天然气，针对补提气，承运人不再收取管输费；为了平衡双方利益，承运人需按照托运人的日指定输量（PNQ）向托运方提供运输服务。若因承运方自身原因未能完成托运方指定输量，承运方也要承担相应的违约责任，即"照运不误"。

从理论上看，天然气运输双方是一个"照输不议"和"照运不误"的对等局面。天然气运输照输不议合同是以达成双赢局面，平衡双方权利与义务的法律合同。

（二）中缅天然气管道照输不议合同

在国内外很多管道项目中，买方与承运方为同一主体，买卖双方签署"照付不议"合同即可。但中缅天然气项目是典型的"卖、买、运"上下游一体的项目，天然气的生产、运输、销售等过程是由三个独立的公司负责：上游天然气勘探开采由韩国大宇集团（DWAOO）负责，中联油国际能源开发有限公司（简称中联油，CNUOC）和缅甸万油天然气公司（简称缅甸油气公司，MOGE）则按照4:1的份额购买大宇生产的天然气，东南亚天然气管道公司（SEAGP）则负责运输中联油和缅甸油气公司采购的天然气。为了共同的利益，中缅天然气管道项目的"卖、买、运"三方就需要一种长期供应、购买和运输承诺。这种长期承诺必须建立在天然气供应链上所有参与者相互依赖和信任的基础上：在上游买卖双方以照付不议合同的形式表现出来；在运输环节，托运方和承运方以照输不议合同的形式表现出来。

中缅天然气管道照输不议合同的核心要素主要包括合同年输量（ATQ）、年度照输不议输量、年度短缺气量和补提气四个方面。

1. 合同年输量（ATQ）

日合同输量（DTQ）按照365天累加得到合同年输量（ATQ），按照日合同输量（DTQ）约定日运输数量。该数量在数值上等于中联油从韩国大宇集团采购天然气的日数量，依据气田的产量而定，相对比较稳定。项目进入稳产期后，上游气田预计可稳定供气500MMscf/d，中联油的合同输量DTQ=500-MOGE′DTQ。

2. 年度照输不议输量

合同年输量（ATQ）扣除相应扣减项影响的输气量后，即为年度照输不议量，也称为调整年输量（Adjusted ATQ），调整年输量不能为负。扣减项包括以下8项：

（1）双方因不可抗力在入口点和出口点影响的交付及接收量；

（2）由于其他托运人的原因导致在入口无法交付的数量；

（3）由于承运方的原因，导致天然气在运输过程中的损耗超过合理损耗而生产的损失气量；

（4）双方因正常维护活动影响的交付及接收气量；

（5）DTQ日差量和PNQ年度差量，且未补提的气量；

（6）消耗的燃料气；

（7）运输过程中实际损耗的自然输差；

（8）短缺气及上年结转的短缺气量。

除燃料气和输差外，上述扣除量对应的管输费将视为公司已收到，并纳入内部收益率的计算。如果上游天然气足够，双方有义务适时补输这些扣除量，托运人也应就实际补输量向公司支付相应的管输费，但不得重复纳入内部收益率计算中。

3. 年度短缺气量

根据协议约定，托运方有义务在管道入口处提供天然气，在管道出口处接收天然气；承运人有义务为托运方提供管输服务，即在入口处接收天然气，通过管道输送至出口处并交付给托运方。若在某一合同年内，托运人未能在出口点接收等于年度照输不议输量的最低数量（实际接收到的天然气与年度照输不议输量间的差额即为"年度短缺气量"），则托运人应当就年度短缺气量向公司支付管输费（"年度照输不议费用"）。该年度照输不议费用应参照产生短缺气量合同年所适用的管输费计算。但托运人可以在后续年份免费补提。

4. 补提气

托运人已经给公司支付管输费但实际没有输送的年缺气量称为补提气。托运人有权在以后合同约定的任何时间免费运输补提气，且不受管输费调整的约束。

（三）承运人的照运不误义务

作为照输不议合同的一条基本原则，照输不议与照运不误是对等的合同义务，是双方平等互利、协商一致的结果。中联油在承担照输不议义务的同时，东南亚天然气管道公司也对等地承担照运不误的义务，即除合同约定的特殊情况外，任何时候承运人必须按照合同约定保质保量地向中联油提供运输服务，否则须向中联油承担违约责任。东南亚天然气管道公司承担的照运不误义务主要包括DTQ日差量、PNQ年度差量和下游短缺天然气三个方面。

1. DTQ日差量

如果承运人于任何一日，因为任何不能免除承运人履行本协议情形之外的原因，未能在入口点自托运人处接收数量等于日输量（DTQ）50%的天然气，则承运人接收的天然气达不到日输量50%的部分即为"DTQ日差量"。在合同运输日之后的每个月月末，应当计算当月任何一日发生的所有DTQ日差量的总和（简称为"DTQ月合计差量"），并且在该月的月度账单中应当列明承运人向托运人支付的到期应付金额，作为承运人在当月任何一日未能接收日输量50%的违约赔偿金。该等金额等于DTQ每月天然气差量总和乘以适用的合同价格的105%（"日输量月合计差量费用"）。

在此之后，托运人应当尽合理努力行使其相应的权利尽快补输该DTQ日差量，在入口点向承运人提供该等天然气，出口点应收该等天然气。就承运人依据协议在入口点接收并在出口点向托运人交付的该等数量的天然气，若承运人向托运人支付了相关的日输量月合计差量费用，则托运人应向承运人支付适用于该等天然气的合同价格的100%。相当于，承运人因未完成托运人的运输计划而承担5%的天然气合同气价的罚款。

2. PNQ年度差量

若在任何一个合同年年末，由于承运人（因为任何不能免除其履行义务的原因）

未能在该合同年接收托运人在入口点提供的数量等于适当指定量（PNQ）的天然气，而导致托运人未能接收到购销协议规定的净年度合同数量ACQ（即照付不议量），则与净ACQ的差额即为该合同年"PNQ年度差量天然气"。在该合同年年末，承运人应当向托运人支付一笔费用，金额等于购销协议下确定的该等PNQ年度差量天然气的照付不议价格乘以PNQ年度差量天然气（"PNQ年度差量天然气费用"）。在此之后，托运人应当尽合理努力行使其相应的权利尽快补输该天然气差量，在入口点向承运人提供该等天然气，出口点应收该等天然气。就承运人依据协议在入口点接收并在出口点向托运人交付的该等数量的天然气，若承运人向托运人支付了相关的PNQ年度差量天然气费用，则托运人应向承运人支付适用于该等天然气的合同价格的100%。

3. 下游短缺天然气

若在任何一个合同年年末，由于承运人因为任何不能免除其履行协议情形之外的原因而未能接收托运人在入口点向其交付的数量等于适当指定量的天然气，从而使得托运人未能向下游天然气承运人交付要求数量的天然气（该等短缺的天然气为"下游短缺天然气"），则公司应当向托运人支付一笔不超过下游短缺天然气价格乘以下游短缺天然气数量（托运人有义务就该等天然气向下游天然气承运人支付短缺补偿费用）的款项。若托运人能在相关合同年年末通过行使购销协议下托运人的补输天然气权利减少下游短缺天然气数量（托运人也应当尽合理努力去补输），并且承运人依据协议在入口点接收并在出口点向托运人交付该等数量的天然气，则承运人在合同年内向托运人支付下游短缺气补偿款的责任应被相应地减免。

以上三条为中缅天然气管道运输协议下，承运人应承担的照运不误义务。从天然气管道投产至今，东南亚天然气管道公司严格履行协议义务，从未发生赔偿事宜。

4. 照输不议执行情况

自中缅天然气管道2013年7月投产以来，东南亚天然气管道公司按照运输协议，认真履行了照运不误义务，严格按照托运人的日指定计划，圆满完成中联油的输气任务。2016年受国内天然气需求量下降影响，中联油未按照运输协议要求履行最低输气义务，触发了照输不议条款，年度短供气量约为3.2亿m³。按照协议约定，中联油应就短供气量提前支付管输费，并可在后续合同年免费补提此部分天然气。

照输不议合同是市场经济规律下随着天然气产业的发展而产生并逐渐完善的，具有其独特的优势和不足，目前已发展成为包括天然气在内的能源生产、运输和销售整个链条中不可缺少的重要工具和载体。正是有了照输不议条款对托运人的约束，中缅油气管道运行安全平稳，没有出现合同纠纷。

（四）确保不触发照输不议的措施

1. 定期召开多方协调会议

中缅天然气管道项目是上、下游一体的项目，如果没有健全的沟通协调机制，任何一个环节出了问题，都会对各方产生不利的影响。为了保障信息交流顺畅，强化各方生产运行协调处理能力，中缅油气管道定期组织年度协调会和月度运行分析会。

每年10月份，上下游各方轮流组织年度协调会，参会各方主要包括韩国大宇集团、中联油、国家管网集团西南管道有限责任公司、北京油气调控中心、东南亚天然气管道公司和缅甸油气公司等各方。通过年度协调会，协商确认下年度运输计划，协调上下游维检修安排，及时调整输气计划，协商处理运行中出现的各类问题。

每月初，东南亚管道公司组织生产运行部、调控中心、各管理处、港务中心和通信自动化中心召开月度运行分析会。会议总结上月生产运行的具体工作，协调解决生产运行和各专业存在的问题和隐患；部署本月的工作任务，包括生产运行和各专项工作任务，通报输油气计划、停输计划，维修作业安排；分享好的经验和管理方式，督促各管理处对辖区内存在的问题进行处理，"催整改、抓落实"，确保原油和天然气管道的平稳运行。

2. 加强生产运行设备设施管理

设备是决定管道运输是否能正常运行的核心要素，在油气长输管道生产中有着举足轻重的作用，只有加强设备管理与维护，发挥设备的最大效能，才能保证管输企业经营、生产的正常运行，才能保证完成运输任务。

设备在运行过程中，受到工作环境、使用方法等因素的影响，技术状态会随着运行时间的不断累积逐渐降低。为了提高设备的使用寿命和精度，东南亚管道公司制定了完善的管理制度，严禁不按操作规程或使用范围进行操作，严禁输油气设备超负荷使用。同时，进行设备定期点检，掌握设备运行状态，确保输油气设备在整个系统生产过程中正常发挥它的基本功能。在掌握故障与磨损规律的基础上，合理制定设备检查、维护保养的周期。通过实行日巡查、周巡查、月度巡查，对于查出的隐患问题按照整改、检查、再整改、再检查的层层落实程序，使设备始终在良好的工况下运行。

第二节　生产运营

（一）专业化运行管理

1. 运用SCADA系统监管

中缅油气管道采用以计算机为核心的全线数据采集和监控系统（SCADA系统），通过曼德勒调度控制中心对管道全线进行监控（参见图9-1：中缅原油管道网络拓扑）。油气管道沿线设有2台实时、2台历史服务器，1台Web服务器，4套操作员工作站，1套工程师工作站，公用1套中间数据库系统，1套GPS设备，以及实现通信的各类设备。调控中心通过各站的站控制系统及监控阀室的RTU对管道进行数据采集、数据处理及存储归档、控制、故障处理、安全保护、报警等任务，同时完成设备运行优化、模拟培训、管存计算，并向中间数据库系统提供SCADA数据等功能。调控中心的调度员通过SCADA系统操作员工作站提供及显示的管道系统工艺过程的压力、温度、流量、气体组分、设备运行状态等信息，完成对管道全线的监控及运行管理。

2. 确保计量设备精准

中缅天然气管道共有5座分输/计量站场，其中4座分输站向缅甸提供天然气，末站南坎计量站向中国输送天然气。天然气计量设备主要包括18台丹尼尔3400超声波流量计（准确度±0.1%，采用FloBoss S600+流量计算机计算管输天然气标准状况下的流量）、5台丹尼尔570型气相色谱分析仪（分析范围为C1~C6+，N_2、CO_2）、2台903型

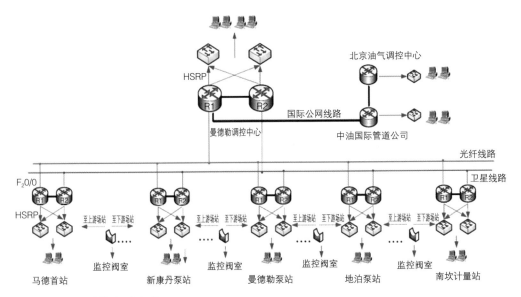

图9-1　中缅原油管道网络拓扑

图9-2 计量检定

硫化氢分析仪（测量范围为0～2000ppm，线性全量程范围优于±1.0%）、2台241-CE II型烃露点分析仪（测量范围为-25～0℃，重复性优于±0.4℃）、2台3050 OVL水分分析仪（测量范围为0.1～2500ppmv，可以露点为单位(摄氏或华氏)输出水分浓度，露点根据水分浓度和压力计算而得）、18个3144P型温度变送器（测量范围为0～100℃，准确度±0.1℃）和18个3051S型压力变送器（测量范围为0～10MPa，输出范围4～20mA）。

原油管道在末站南坎计量站进行动态计量，用于原油跨国贸易计量及化验，计量设备包括3台SMITH双壳金属刮板流量计（型号K12-S6，配备UPT-XU-1000-STD-00双脉冲变送器，624-M1现场机械式计数器，标准手动器差调整器AM-5，最大连续流量1140m³/h，准确度±0.15%），一套SMITH固定式双向管道球式体积管（最大标定能力为1140m³/h，准确度±0.05%，重复性0.02%）、一套水标定撬（包括电磁阀；500L二等标准容器，准确度0.025%；IS65-50-160型配备三相交流防爆电机水泵；LPGK-80型过滤器；水标定撬配套阀门）、DMA 4100M数字式密度计（准确度0.0001g/cm³）、831KF库仑法水分测定仪（测量范围10μg～200mg，分辨率0.1μg）以及6个温度变送器（3144P智能型温度变送器，测量范围0～100℃，测量准确度±0.1℃）、6个压力变送器（3051T智能型压力变送器，测量范围0～5MPa，输出范围4～20mA）。相关计量设备均实行专业化管理，由公司计量管理人员制订相关管理规定，执行相关国际（或国家）计量标准规范；定期进行计量设备的检定检验工作，并委托有资质的第三方机构定期标定（参见图9-2：计量检定），保证计量数据的准确可靠。

3. 采用管道生产管理系统

中缅油气管道项目计量数据管理采用管道生产管理系统（Pipeline Production Management System，简称PPS）。该系统可以实现场站、调控中心各层面统一的计划、调度运行、运销计量、能源管理、专业计算管理平台，系统统一设计油气管道生产相关业务功能，通过权限登录管理相关功能和界面，实现从基层场站、码头到曼德勒调控中心、公司领导各级单位业务流程控制；基于一套基础数据的统计分析，为决策支持提供数据保障，根据用户需求自动生成各类生产数据统计报表，定制生产数据分析功能界面，方便、快捷查看各类生产指标状况，支持生产决策分析；按照业务功能和系统功能构建功能模块，模块间相互独立，避免功能重叠，易于开发管理和实施（参见图9-3：PPS系统功能示意），系统设计中、英文两套界面，数据单位采用国际化标准，满足海外应用需求，支持海外本地化管理应用。管道生产管理系统的运行维护工作，按照签订技术服务合同方式，由专业公司持续保障系统运行支持。

4. 马德首站的静态计量

马德首站的原油计量应采用静态计量的方式，由东南亚管道公司与中联油香港公司共同指定一家国际认可的独立检验机构来确认入口点的原油数量和品质（参见图9-4：油轮商检），中联油香港公司应确保油轮满足相关计量的标准。

马德首站的标准参考条件为气温20℃、压力101.325kPa。检验机构计量中联油香港公司在入口点向东南亚原油管道有限公司交付的原油，测量空距，对明水、油温等

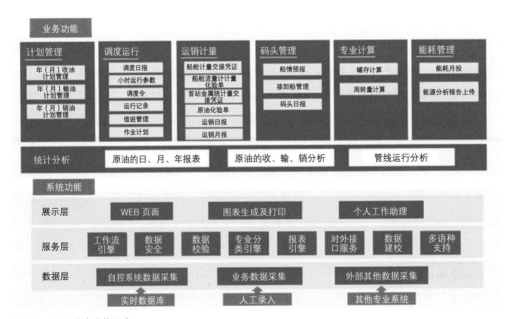

图9-3　PPS系统功能示意

进行修正，卸油完成后进行空舱检验，进行油品取样、制样、检验、留存，在检验全部结束后3日内出具检验报告。检验机构出具的报告对各方产生最终的拘束力。

图9-4 油轮商检

5. 原油管道库存盘点

在约定的盘库日（除了最后一个合同年以外的任一个合同年的12月31日），东南亚原油管道有限公司在中联油香港公司和/或中联油香港公司指定人员的见证下检查和验证原油管道库存数量和损失（参见图9-5：马德岛原油罐区位置图）。并在盘库日后的3日内，东南亚原油管道公司应独立向中联油香港公司出具一份盘库报告以记录库存数量，且该盘库报告应该对双方具有约束力。在一个盘库周期内以净公吨表示的损失油数量应按照下列公式计算：

损失油数量=（入口点交付数量-计量点数量）-期末库存数量+期初库存数量-运输损耗-杂质（如适用）

在一个盘库周期内，如果计算的损失油数量是正数，则东南亚管道公司就此周期内产生的损失油向中联油香港公司以现金支付赔偿。

6. 原油管道燃料气计量

中缅原油管道沿线各输油泵站的输油主泵采用卡特彼勒天然气发动机驱动，由天然气管道向各泵站进行供气（参见图9-6：天然气发动机燃料气管道），其中01号阀室向

图9-5 马德岛原油罐区位置图

马德首站供气、04号阀室向新康丹泵站供气、曼德勒分输站向曼德勒泵站供气、23号阀室向地泊泵站供气，在各泵站设置RHQ型燃料气撬，用于燃料气的调压、计量，燃料气撬计量设备使用高准Elite CMFS015M科里奥利流量计，提供优异的测量灵敏性和稳定性。

（二）专业化维护

1. 开展预防性测试

为确保各站的供电设备安全可靠运行，由缅甸当地电力部门每年开展一次各站电气预防性试验（参见图9-7：电气预防性试验），主要内容包含变压器、电压互感器、电流互感器、电力电缆、继电保护设备及互感器等电气—二次设备的预防性试验测试。由东南亚管道公司有资质的专业技术人员负责各站和阀室的防雷防静电设备接地电阻测试（参见图9-8：防雷防静电接地电阻测试），缅甸雨季前和雨季后各开展一次。此外，每年进行一次ESD系统测试工作，对测试过程中发现的问题进行整改；每年对全线各阀门进行注脂维护，并根据输油输气运行计划，适时开展干线阀门的开关性测试。

2. 进行周期性检查

以1年为周期对SCADA系统进行检查，主要包括调控中心日常维护、调控中心年度维护、输油气站场年度维护、RTU阀室和清管站年度维护等内容。生产部组织开展SCADA系统周期性维护工作，并对实施过程进行检查、指导；通信自动化中心编制全线SCADA系统定期测试方案并组织实施测试工作（参见图9-9：SCADA系统周期性维护）。

每年对中缅油气管道各类仪表进行两次检定（参见图9-10：仪表周期性检定）。仪表一次检定范围包括运营中心所辖各输油气站场、油气阀室、办公楼、宿舍楼内压力表（一次表）、温度表（一次表）、压力变送器、温度变送器、差压变送器、感温探测

图9-6　天然气发动机燃料气管道

图9-7　电气预防性试验

图9-8　防雷防静电接地电阻测试　　　　图9-9　SCADA系统周期性维护

图9-10　仪表周期性检定　　　　　　　图9-11　记录体积管标定的相关参数

器、感烟探测器、可燃气体探测器、火焰探测器；二次检定范围包括各运营中心所辖输油气站场、油气阀室、办公楼、宿舍楼内压力表（一次表）、温度表（一次表）。

3. 开展计量设备定期检测

每季度对中缅天然气管道各站的天然气计量系统设备进行一次在线自检测，包括超声波流量计声速核查、色谱分析仪检定、温度变送器和压力变送器检定。具体检测工作委托第三方单位进行或者由东南亚管道公司计量工程师进行（色谱分析仪检定、温度变送器和压力变送器检定全部由第三方单位进行）；每5年拆卸天然气流量计送至有资质的第三方检定机构进行实流检定，检定过程邀请缅甸油气公司(MOGE)派代表现场见证。

中缅原油管道计量设备方面，由木姐运营中心生产科及南坎原油计量站每月进行一次刮板流量计的自标定工作；每6个月邀请第三方检定单位现场检定1次（或按照计量检定第三方机构推荐频率检测），邀请中联油香港、缅甸油气公司(MOGE)派代表现场见证；温度变送器、压力变送器、密度计、电子天平和含水分析仪12个月检定1次；标准金属量器2年检定一次，标准体积管3年检定一次（参见图9-11：记录体积管标定的相关参数）。如各方对计量器具精度没有异议，经协商同意后，可延长检定周期。

图9-12　卡特彼勒发动机维修维护

4. 委托专业机构保养

中缅油气管道项目的固定式压力容器全面检验、移动式压力容器的定期检验均委托第三方公司严格依据《压力容器安全技术监察规程》《压力容器定期检验规则》等标准文件开展。

原油管道的10套主泵机组（鲁尔泵+卡特彼勒发动机）、3套给油泵机组定期进行三个级别的保养，保养内容包括火花塞检查、机油、冷却液的检查和更换、测量发动机气缸压力、扭矩校验、对中数据校验等。对于主泵机组，每1000小时需要进行一级保养，每4000小时进行二级保养，每8000小时进行三级保养，每20000小时进行缸头顶部大修。目前一级保养由东南亚管道公司维修队自主完成，二级、三级、缸头顶部大修这三项保养均通过招标选择有经验的第三方公司执行（参见图9-12：卡特彼勒发动机维修维护）。

第三节　油气管道集中调度控制

（一）中缅油气管道一级调控体系

中缅原油、天然气管网连续多年实现了安全平稳运行，节能降耗成效显著，技术保障水平稳步提升，一级调控体系在其中发挥了重要作用。

中缅油气管道采用一级调控，实行三级控制，即中控、站控和本地控制；通信传输网的主信道为光纤通信，备用信道为卫星通信。2012年，专门成立了曼德勒调控中心（参见图9-13：曼德勒调控中心），负责油气管道日常运行、应急指挥、生产协调等工作，包括管道运行指挥及调整、工艺设备流程远程操作、管道作业配合协调、应急响应、工况预测及分析等。目前，中缅油气管道全线具备远程操作功能的设备由调控中心直接控制，不具备远程操作功能的设备在调控中心的指挥下由站场现场控制。

曼德勒调控中心根据中联油、缅甸油气公司的生产和销售计划，编制管道运行方案，对油气管网资源进行统一调配，依靠天然气、原油两套SCADA系统完成管道运行的监视控制。SCADA系统由调控中心、各中间站站控系统和截断阀室系统共同组成。调控中心通过通信系统实时获得管道沿线各种信息，包括监控管道压力和流量的变化，可以在第一时间发现管道是否正常运行，确保管道运行安全平稳。

（二）多国联合调度协调体系

中缅天然气管道上下游涉及6家公司，中缅原油管道上下游涉及7家公司，且包含数家文化完全不同的外国企业，要保障中缅油气管道的平稳安全运行，必须建立行之有效、包容性强的联合调度协调模式。

在中缅油气管道投产前，为保障中缅油气管道平稳投产和安全运行，上下游各方根据购销协议和运输协议，在充分沟通的基础上，签订联合调度协议，并以此为基础，签订计量交接程序和调度协作程序，建立了联合调度协调体系（参见图9-14：中缅天然气管道多国运行协调会）。联合调度协调模式不仅在生产运行、维检修作业时间确定、重要信息互通、应急事件处理等方面都发挥了重要的协调沟通作用，也进一步提升了合作各方之间的了解与互信。

根据中缅两国现实特点，结合各方在运行过程中发现的问题，联合调度协调模式多次优化，并与中油国际管道公司跨国一体化调控体系有机结合，进一步提高了各方的

图9-13 曼德勒调控中心

图9-14 中缅天然气管道多国运行协调会

沟通效率。联合调度协调模式的建立和实施，使各方严格遵守权利与义务，为管道的安全平稳运行和上下游各方的有序生产发挥了建设性的作用。

（三）原油管道批次输送工艺

随着中缅原油管道运行时间的增长，受国际局势及资源国政策影响，管道输送油品种类日益繁杂，涉及油源国较多，油品物性差异较大。与此同时，随着输量日益上升，罐区调配矛盾凸显。

2019年，各方在联合调度协调机制下充分沟通，探索性地引入了马德首站两罐不同油品同时外输的运行模式，并对泵机组转速差异、罐区不同油罐液位差造成的油品混合不充分、不均匀的问题进行细致研究，明确了管道内油品混输工艺的具体操作方案。经过不断优化与磨合，马德首站混输工艺已在中缅原油管道中常态化使用。混输工艺的引入极大地提高了罐区调配的科学性，也为油轮集中到港的情况下提供了更多罐区调节的空间，对管道安全生产意义重大。

（四）油气管道仿真模拟系统开发与应用

中缅油气管道投产前，开发了中缅天然气管道仿真模拟软件，用于中缅天然气管道关键时间节点的参数计算及预测，对管道顺利投产提供了技术支持。

2015年，根据管道运行需要，中缅油气管道项目调控中心结合既有的管道实际运行数据，自主完成了SPS仿真模拟系统中缅油气管道的模型建设（参见图9-15：中缅原油管道仿真模拟系统）。该仿真模拟系统的引入，解决了中缅油气管道调控操作模拟的需求，为中缅原油管道水联运、油水置换、运行手册编制提供了数据支持，也为后期调度员培训及考核提供了巨大帮助。

（五）标准化调度人才培训体系

长输油气管道中控调度员培训周期较长，从入职到可以实习，一般需进行1年以上的系统培训。加之中缅原油管道海拔落差大，采用的天然气发动机驱动离心泵的技术在世界范围内尚无先例可循，这进一步加大了中缅项目调控中心调度员的培训难度，延长了培训周期。

中缅油气管道运行平稳后，结合以往运行情况和人员培训经验，编制了"理论学

图9-15　中缅原油管道仿真模拟系统

习、仿真训练、跟班实习、考试取证"四位一体的标准化训考模式，调度员岗前培训周期缩短至大约六个月。通过集中学习考核、传帮带、考核取证，新进调度员可在较短时间内掌握流体力学基础知识、中缅油气管道设备参数、运行模式、操作要点等关键知识，为提升调控中心人员队伍素质、确保安全调度打下了坚实基础。

第四节　管道管理

（一）管道日常巡检

1. 注重巡线员工队伍建设

实行公司、运营中心、场站"三级"管理、"四级"巡护模式，招聘在当地信息灵通、文化水平相对较高、威信较高的管道巡护工和阀室保安，配合GPS及各种通信工具，以各站为单位建立巡线工群，共同完成管道的巡护和阀室的看护任务。通过定期组织巡线工及保安培训，逐步培养巡线工学习新知识、新技术，不断拓宽知识面，全面提升缅工综合素质（参见图9-16：缅籍巡线工培训与现场巡线）。例如，每年对巡线工进行第三方施工识别、监护，水保施工监护，阴极保护测试等专业知识，每月定期组织召开巡线工例行工作会议，进行管道巡护、汛期重点巡护内容、阴极保护测试、

图9-16 缅籍巡线工培训与现场巡线

图9-17 向村民播放管道安全防范培训电影与管道保护宣传

防蛇注意事项等各个方面的培训,并对巡线过程中遇到的问题进行交流并进行安全经验分享,提高了理论和实践方面的知识,加深了对管道巡线和阀室巡检的深度,使从事的工作入脑入心。在雨季、重大节日等特殊时期对管道沿线高风险和高后果的区域进行加密巡护和检查,确保巡线质量。管理处对巡线工每季度进行考核,对优秀巡线工进行表彰和奖励,对不合格的巡线工采取措施,直至解除合同,极大地提高了巡线工的工作热情和工作质量。

2. 加大油气管道保护宣传

在缅甸重要节日期间,到管道沿线政府部门、管道所在村、学校、寺庙进行走访,加强与当地的沟通、交流和协调。各管理处开展电影进村庄的活动,在沿线村庄播放电影和管道宣传片、每年到学校组织"小手牵大手"管道宣传活动,使全民都有保护管道的意识(参见图9-17:向村民播放管道安全防范培训电影与管道保护宣传)。通过微电影、管道宣传手册、管道宣传日历、生活用品、学习用品进村入校活动,有效传递中缅油气管道保护互利双赢理念。通过邀请驻站警察与管道管理人员一起巡线,一起深入沿线村庄进行管道保护宣传活动,充分发挥好驻站警察的影响力。逐步形成了一种"政企联动"、"警企联合"、群防群治的管道宣传和防护体系。

3. 确保第三方施工受控

积极与管线所在地的规划局、土地局、公路局及警察局主动联系，提前获取与管道有影响的规划及第三方施工信息，并通过巡线工的观察和走访，预判施工信息，确保信息通畅，提高合作联防效果。获悉第三方施工后，与主管部门单位、施工队伍进行沟通协商并在第一时间送达管道风险告知书，将公司原油、天然气管线、光缆走向、埋深、辅助设施情况、安全风险等进行告知。对于影响管道安全的施工及时进行制止，提出管道保护要求，措施不到位不施工的原则，获得作业许可后必须做到现场施工管道管理人员或巡线工旁站监护，确保安全。

4. 建设管道巡护系统

在马德岛运营中心所辖管段、曼德勒运营中心所辖管段等通信信号通畅的地区给每位巡护工配备了1部GPS并开发了GPS巡线软件（参见图9-18：GPS巡检）。通过软件能够掌握每名巡线工对管道巡护的状态，可定期抽查巡线工巡护情况，发现有巡护偏差时可及时纠正及时更改，极大地提高了巡护管理的效率和质量。

5. 开展管道全线徒步踏线月活动

每年在雨季前、雨季后，组织各运行中心开展两次管道徒步踏线活动，要求各管理处分管管道领导、管道科、站场分管管道副站长必须参加徒步巡线，重点区域巡线到

图9-18　GPS巡检

图9-19　木姐管理处在缅北山区组织徒步踏线活动

位（参见图9-19：木姐管理处在缅北山区组织徒步踏线活动）。徒步巡线对管道管理的提升发挥了重要作用。一是全面排查管道安全隐患，在缅甸雨季来临之前做好防护准备，在雨季时做好重点保护，对于风险和隐患较大部位提前筹划为公司治理提供决策依据；二是全面收集管道基础信息，包括管道三桩GPS坐标位置、三桩损坏、作业带植被恢复、管道沿线村庄寺庙、水工保护有效性等信息，为管道完整性管理提供大量第一手基础资料；三是管道管理人员与巡线工一起巡线，可以在现场手把手地进行培训、指导，全面提高了巡线工巡线的专业水平。

（二）植被恢复与水工保护

植被恢复和水工保护工程也是一种环境治理工程，是管道工程建设中水土保持的主要部分。中缅油气管道投入运营之后，公司委托有资质的专业机构每年汛期进行沿线调查，对排查出的地质灾害和水土流失问题进行了现场详细调查评估，针对每个点的灾害特征行了针对性的方案设计，并通过了业内技术专家的技术审查；对日常巡护发现的次生灾害、河流沟渠改造等问题，按照"治早治小"的原则及时采取了治理措施，确保了汛期管道安全，并有效控制了水土流失。

坚持因地制宜，尽可能采用环境友好的生态治理措施，并将水工保护工作与植被恢复工作密切结合，将植被恢复作为控制水土流失、保护环境的根本措施，实现管道安全和环境保护的双重收益（参见图9-20：若开山区植被恢复前后对比）。经过近十年持续不断的治理，管道沿线的较大水文地质灾害隐患已经基本得到根治，沿线因施工扰动形成的植被破坏也已经全部恢复。

图9-20 若开山区植被恢复前后对比

（三）管道腐蚀管理

金属腐蚀是埋地管道主要安全威胁之一，中缅油气管道沿线强腐蚀地段多，为保证管道的长期安全运行，抑制土壤对埋地钢质管道的电化学腐蚀，管道采取了外防腐涂层和阴极保护的联合保护措施。

在管道外表面涂覆防腐层，将管道与土壤腐蚀环境隔离开，是防止管道外壁腐蚀的重要手段。经过设计比选，中缅油气管道采用了使用寿命长、性能价格比高的三层PE常温型防腐层。在河流大（中）型穿越、铁路穿越、带套管的等级公路穿越段，施工条件困难、对防腐层机械强度要求高的山区石方地段，受直流干扰源影响的地段及与其他管线同沟敷设地段采用了加强级防腐，其他地段均采用普通级防腐。

阴极保护为涂层缺陷处的钢管外表面提供电化学保护，中缅油气管道阴极保护采用的是强制电流保护方案。考虑到阴极保护设备用电源情况以及方便管理和维护等因素，在满足保护管线长度范围内，将阴极保护站与工艺站场或监控阀室结合设置。对于海底管道段，在海底管道两侧设置绝缘装置，采用牺牲阳极保护，以确保海底管道阴极保护的效果。原油管道全线设有10座阴极保护站，天然气管道全线设有9座阴极保护站。

（四）管道内检测

内检测是保护及保障管道安全运行的重要手段，通过采用各种无损检测手段来评价管道的安全状况。

图9-21 漏磁检测球与发球作业

管道内检测主要包括变形检测和缺陷检测两大类。通过在管道内放入不同类型检测器，达到检测管道金属损失、几何变形的目的，发现管道腐蚀、焊缝异常、制造缺陷，凹陷、椭圆变形、弯曲等情况，进行有针对性的修复（参见图9-21：漏磁检测球与发球作业）。根据中缅油气管道的实际情况，东南亚管道公司已经委托国际知名的ROSEN公司完成了第一次天然气管道和原油管道全线的清管、测径、高清漏磁检测和电子几何变形检测。在第一次检测中，未发现影响管道安全运行的重大缺陷。

（五）维抢修队伍建设

1. 维抢修设备多点布局

由于缅甸缺乏石油天然气工业基础，根据股东协议，中缅管道在缅甸的运营由中方股东负责。依据《管道及储运设施维抢修体系规划（2008年版）》，综合考虑管道沿线地区气象、水文、地形地貌、断裂带、道路交通、社会依托等条件，中缅油气管道设置1个中心（曼德勒）和3个维抢修队（马德岛、新康丹、地泊）（参见图9-22：曼德勒维抢中心设备撬装化；图9-23：站外管道抢修日演练）。此外，为确保设备能及时到位，又增加了仁安羌站、南罕临时营地、南坎站三个物资储备点。四个维抢修单位总人数105人，其中，中方50人（管理5人、技术员8人、各工种操作工37人），缅方55人（特车司机23人、综合修理工27人、翻译3人、库管2人）。

2. 重视队伍建设

为提升队伍能力，中缅油气管道组织了维抢修管理制度、标准规范、作业文件、各工况现场处置技术培训；组织设备厂家赴缅开展了封堵、切管、溢油回收等设备操作

图9-22　曼德勒维抢中心设备撬装化

图9-23　站外管道抢修日演练

培训；组织了管钳工、电焊工、电工专项技能培训班；组织人员参加集团公司举办的维抢修管理和现场处置技术培训班；组织编制了21台常用维抢修设备取证考核理论和实际操作中缅文试题库，并对61名中缅籍员工进行培训和操作取证考核。

3. 大型抢修的国内支援

由于目前所配备的人员只能应对中小型管道本体抢险作业需求（参见图9-24：曼德勒维抢中心自主完成伊洛瓦底江穿越备用管道切换动火作业），加之缅甸社会依托差，为提升公司大型抢险作业能力，既保证抢险作业需求又节约成本，公司与四川石

图9-24　曼德勒维抢中心自主完成伊洛瓦底江穿越备用管道切换动火作业

油天然气建设工程有限公司签订了《大型抢险保驾协议》，在发生大型抢险时由其提供不少于4名管工和12名电焊工入缅抢险作业。

4. 坚持规范作业

维抢修管理日趋规范化、标准化、目视化。先后编制了《站外管道维抢修日常管理规定》《在役管道焊接管理规定》《维抢修目视化管理规定》《维抢修标准化建设方案》以及工作流程5个、作业指导书22个、设备操作规程68个；发布了《站外管道突发事件专项应急预案》《马德岛卸油溢油事件专项应急预案》，组织各单位修订完善了各工况现场处置预案，基本上达到全覆盖。2013年至今，先后组织了维抢修人员紧急集合、快速出动、卡具带压堵漏、开孔排油、干线换管、溢油控制与回收等应急演练。通过不断演练，持续完善应急预案，预案初步具备可操作性和实用性。

第五节　港口管理

（一）航道管理

马德岛运营中心高度重视航道水深管理工作，定期进行航道水深测量和航道疏浚维护管理，确保航道通航安全。

1. 水深测量

航道投运初期，马德岛运营中心按照至少1次/年的频率对航道、港池、港外重船锚地、港内应急空船锚地及各功能区间航迹线水域进行详细准确的水深测量工作。

航道测量是一项专业性强、设备精度要求高、多交叉复杂的系统性技术工作。马德岛运营中心严格规范施工组织设计和技术管理工作计划，遵循《水运工程测量规范》JTS 131-2012等相关标准规范组织开展航道测量工作，做好施工质量监督和竣工验收，确保测量的精度，以及数字数据、图纸、电子文件等航道测量成果的保存。鉴于航道测量属于作业面广、线长、点多、受环境影响大的水上施工作业，运营中心也采取了完善的施工安全保障措施。

2. 维护性疏浚

在航道由于往复泥沙运动而产生积累性回淤、边坡塌陷导致骤淤、地震灾害导致海床变形等情况下，若航道水深不满足进出港油轮安全通行，则需要立即组织进行航道维护性疏浚施工。航道维护性浚深施工包含航道浚前测量、浚后测量和浚深施工三部分工作内容。通过定期清除马德岛航道局部回淤及浅点，可以确保全航道通航安全。

经过初期的设计论证以及投用后的定期多波束测量，运营中心逐渐积累了关于马德岛航道详实参考数据，分析得出马德岛航道维护性疏浚周期为2~3年。该航道分别于2015年及2018年开展了维护性疏浚。在对马德岛航道维护性疏浚工程中，采用了耙吸式挖泥船"TS HAM 312"进行作业，挖、装、运、卸都可自身完成，可减少对航行油轮的影响。在2018年的疏浚作业中，经过论证分析，优化了抛泥区，进一步减缓了航道回淤速率。

（二）航标管理

航标是船舶航行及引航工作的重要参照物，是油轮进港安全的重要保障。只有航标完整，才能确保其功能正常发挥。为保证航标正常发挥引航作用，马德岛港口建立了一整套航标管理制度，并引入了船舶自动识别系统（AIS系统）。

1. 日常巡检

"标位准确、灯质正常、涂色鲜明、结构良好、功能正常"是对航标完整性的基本要求。正常情况下，港口运营中心每月组织不少于两次例行检查，结合航标巡检和必要的起吊作业，观测航标的结构良好性情况，对能源系统、锚链系统及附属设备进行完好性检测，测定航标位置是否移位，检测光源及能源设备性能，确定需要现场维护的项目。此外，强风强流或年度较大潮汛过后，港口都应及时组织航道航标的巡视检查。

2. 定期维护

根据维护工作量和维护作业现场条件，航标维护分为现场维护、局部保养和岸上维护三类。港口运营中心定期对航标进行例行维护、局部保养或整体打捞岸上系统维护保养。

进行维护前，会对浮标进行功能测试和完整性检查。出现航标灯、顶标、雷达反射器、传感器、供电系统、通信系统等设备故障影响航标正常功能时，先核查故障原因，排除故障。航标例行维护内容主要包括：①航标回收与投放；②航标体维护，包括浮筒、灯架、顶标、雷达反射器等；③锚系维护，包括沉锤或锚、锚链；④供电系统维护，包括太阳能电池板、供电电缆；⑤数据采集和通信系统维护，包括测流、AIS、定位等数据采集和发射装置维护。岸上维护措施根据使用中航标的新旧程度及所处的环境条件来实施。根据海水温度、海水盐度以及潮流速度等因素影响，钢制航标的腐蚀速率不一样，一般岸上维护周期为2年，现场维护的周期为0.5～1年。2019年，马德岛运营中心采购到岛28个φ2.5规格和φ3.0规格的UHWMPE材质浮标，逐步替换在用的航道界标。UHWMPE材质浮标具有很强的抗海水侵蚀和耐海生物附着，能大幅延长浮标的维护周期，大大节省维护成本。

3. 应急事故处理

当航标发生移位、丢失、碰损、拖带以及遭受人为破坏或不可抗力损坏时，港口运营中心会按应急事故进行处理。通常在事故发生后，应急响应时间不超过4小时，并在24小时内采取航标回收、修复或投放备用航标等对应处置措施。

如航标被损坏，则立即进行航标状态评估，确定修复方案。如丢失航标，则安排进行水面搜寻，海上追踪到航标后，在现场进行完好性检查和记录。若航标移位且存在碍航问题，在船舶通过前进行复位或回收；回收航标的同时，将备用航标进行同标位投放，确保航道通航安全。

4. 引入AIS系统

马德岛港利用了天然深水潮沟，但内航道较长、较深，且有两处超过30°拐角，导致航道涨落潮流水较急，对航标侧冲击力较大。同时，马德岛港内航道为缅甸西海岸重要的渔业捕捞区，渔网的布设缠绕增加了潮汐水流对航标的侧冲力，减弱了定位沉石对航标的锚定力，增加了航标移位的可能。加之马德岛港区雨季持续时间长，常规航道航标难以满足雨季降雨期间VLCC全天候安全进港的助航要求。

AIS系统由岸基（基站）设施和船载设备共同组成，是一种新型的集网络技术、现代通信技术、计算机技术、电子信息显示技术为一体的数字助航系统和设备。将AIS技术应用于马德岛港航道航标，可有效解决航标易受冲击移位和雨季难以满足VLCC全天候进港助航等问题，提高了管理效率，增强马德岛港入港VLCC的安全航行系数。

（三）港作船舶管理

港作拖轮是中缅油气管道项目马德岛港正常生产运营重要的生产力工具。马德岛港配属有5艘5000PS全回转港作拖轮，负责150000DWT至300000DWT油轮进港靠泊卸油作业过程中赴外锚地接送引水、外航道段前导清障监护、油轮进港，特别是两个41°大拐角的监护和辅助转向、油轮航道航行安全监护和安全减速、油轮港池靠泊顶推拖带和速度控制、油轮在泊安全监护以及围油栏收放等作业过程。

1. 符合法律法规遵从性

虽然拖轮在制造过程中采用了中国船级社（CCS）标准，但在加入缅甸籍后根据缅甸海事局相关管理规定，由缅甸海事局对拖轮进行法定检验，获得了《国际载重线证书》《防污染符合证书》《国际防油污证书》《货船无线电安全证书》《货船设备安全证书》《最低配员证书》等资质，保证了船舶技术管理100%遵守缅甸政府法定要求。

2. 多措并举提质增效

马德岛港6艘港作拖轮每艘均配置有两台1840kW的4冲程柴油机及两台100kW柴油发电机。出厂测试数据表明，工况条件下单艘拖轮燃油消耗达到近500L/h。而一艘油轮进港卸油作业过程，需要总计近40h的拖轮机时作业时间。由于马德岛港卸油作业依靠油轮蒸汽轮机驱动泵机组的流体动力系统，港作拖轮的燃油消耗占比达到全港能耗的80%以上。

通过认真梳理油轮进港靠泊卸油作业过程港作船舶拖带、顶推、安全监护、围油栏收放等作业环节工艺工序，并利用马德岛港航道和港池的潮流流向、流速、涨落的规律，马德岛运营中心优化了油轮进港港作船舶拖带方案和油轮靠泊带缆作业流程，提升了船舶的有效作业时间占比和作业效率，较好地实现港作船舶安全节油和港口运营降本增效的目标。

此外，马德岛运营中心5艘港作拖轮出厂时建造使用的空调都是船舶出厂时所装设的中央空调，存在能耗大、故障率高、维护成本高、技术支持薄弱等缺点。为加强设备正常运行保障率，节省运维成本，将5艘船舶的空调改造为普通的分体式空调挂机，最大利用此前空调的位置和设施，施工工序简单，施工周期短。若拖轮按照30年使用期限计算，不考虑资金的时间价值，改造后可节省年运营成本约11万美元，具有较高的经济效益。

3. 日常保养维护

为确保港作船舶始终处于良好的技术状态，保证船舶处于适航状态，马德岛运营中心积极做好船舶维修保养管理工作。

运营中心对马德岛港的拖轮实施了"作业外包服务+自身技术管理"模式，聘请了有资质且经验丰富的第三方——青岛港团队。拖轮船员负责自行对电气机械设备进行润滑、清洗、调整、防腐、试验和易耗件更换等日常维护保养工作；对于拖轮船员无法完成的拖轮故障自修项目，且故障的存在影响到航行安全，港方应制定维修项目清单，委托专业修理单位利用船舶在港等泊或停泊作业时间内进行。港作船由中石油员工进行日常专业技术管理，还加大对缅甸籍船员的培养力度。同时，加强拖轮备品备件管理，对采购周期长且可能影响拖轮运行的备件进行了配备，现场仓库配备了主机、辅机、舵桨、空压机等核心设备的耗材及易损件，以备不时之需。

（四）30万t级原油码头管理

30万t级原油码头管理是港口管理的重中之重。马德岛管理中心优化围油栏布放和收回作业方案，启用船岸通信和电子助航系统，积极开展船/岸安全检查，制定应急预案等措施，为原油码头的安全、高效运行奠定了基础。

1. 优化围油栏布放和收回作业

围油栏是防止水域污染的必备器材。处理水域油污染的一般方法是先用围油栏把浮油围起来，避免其扩散、漂移，并尽可能地使其浓集，然后用适当的物理方法尽可能地予以回收，最后对难以回收的残留部分用化学、物理或生物的方法清除。

中缅原油管道项目马德岛港所用的围油栏规格型号为WGJ1100固体浮子式橡胶围油栏，分为固定栏和移动栏两部分，长度均为500m；每节围油栏之间采用压板及连接绳连接。2018年3月14日之前，围油栏布放方式一直采用移动端围油栏贴附于固定端围油栏。这种围油栏布放和收回作业方式主要是参考国内沿海港口的成熟做法而制定的作业方案。但国内一般30万t级原油码头，建立在开放式海岸线岸侧。此类码头没有较大的涨落潮纵向流，主要洋流为横向涌流，且码头距离岸侧较远，墩台后侧水域开阔，布放和收回存储均简单便捷。马德岛港是利用天然潮沟作为港池和航道建设而成，受涨落潮流影响大。码头墩台后方水域距离岸边较近，水深落差大，且有两个钢引桥阻隔，拖轮等大拖力船舶无法航行至该区域，需要作业人员利用快艇进行绳索搭接和传递。在布放时用拖轮将移动栏拖出，然后用两个拖轮拖带并用绳索固定于两个墩台；收回作业需要利用涨潮流时机，使用两个拖轮，以螺旋桨的流推力将移动栏头部送至墩台后侧水域，然后快艇连接移动栏和墩台之间的绳子，利用绞缆机缓慢将围油栏全部拖进墩台后侧水域，并贴附固定于固定栏上面。因此，这种布放和收回方式不仅时间长，耗费较大的港务生产资源，回收作业时间窗口小，而且需要多次的船艇配合衔接，临水临边作业多，具有较大的安全风险。

马德港积极开展研究，持续优化围油栏布置作业方案。利用拆除替换下来的海底管道标，经过筒体加固、增设牺牲阳极防腐锌块和增加围油栏固定地点；利用13t沉石和ϕ38锚链更换原3t沉石和ϕ25锚链，增加浮筒锚固力，作为移动栏的固定点。新作业方案可实现布放和收回均利用一台拖轮，不需要考虑涨落潮的影响，总计20min完成作业，大大降低作业时间，节省港务资源消耗，提高港口安全管控水平；固定端围油栏的调整，也有效提升了围油栏封堵溢油能力。

2. 提升管理智能化

原油码头不断提升智能化管理水平，启用了船岸通信和电子助航系统。在码头控制楼设置简易VHF海岸电台2台，以配合船舶靠泊、离泊作业；设短波单边带电台一座，满足港口与远洋船舶之间通信联络需求；按照国际海事组织（IMO）的相关规范要求，设置一座含DGPS导航功能的船舶电子自动识别系统岸站；要求引水员配备便携式DGPS差分定位引航设备一套，实现船舶动态监控和导航功能。

3. 注重运行安全

一是积极开展船/岸安全检查。根据《油船油码头安全作业规程》GB 18434—2001的要求，由船方负责人和驻船调度共同完成船/岸安全检查。根据2020年石油公司国际海事论坛（OCIMF）发布的第六版《国际油船和油码头安全指南》，完善并格式化船/岸安全检查表。

二是建立并持续完善应急管理体系。制定了包括生产运行防溢油、防着火爆炸、防船损、防突发疾病/疫情、防争端天气、防恐怖袭击、防走私偷渡、防人身伤害等国际开放港口较高风险事故（事件）的应对处置措施和应急方案。

第六节　财务信息化管理

（一）财务功能模块化设计

2010年中缅管道财务部在尚未完成在缅运营实体注册之前，就汇集核算、资金、税务、信息系统等方面的专业财务人员在北京展开了紧锣密鼓的准备工作。针对未来两合资公司在两国三地进行会计核算及财务管理可能面临的地域跨越和国别管理差异，开展了财务功能的模块化设计，通过三地实地考察结合专业调研，落实了相关具体应用的平台搭建及信息化框架设计的工作。

合资公司的财务团队首先需要考虑在中国香港地区和缅甸注册运营的会计准则和金

融税务等方面属地法规的遵从性，同时从中方控股国有资产海外投资风险把控的角度统筹，还需兼顾中国相关准则法规以及中国石油会计政策及相关监管要求。这就需要通过科学的信息系统设计来完成多维度的约束管理，避免那些通过手工预算控制、账簿处理及成本费用收集而产生的错误及无效工作流。结合项目经营规模和中国石油其他海外项目信息系统的成功实践，选择了国际上成熟的中型跨国企业使用的财务信息系统作为两合资公司的财务信息管理核心。

（二）搭建财务核算平台

2011年2月，项目财务部主体前移到曼德勒。虽然面临办公室紧张、人员短缺、财务服务器没有到位等困难，中方项目团队考虑到靠前服务才能保障建设期在缅全线施工的财务需求，本着服务于一线员工的宗旨，集思广益采用台式机建立临时财务服务器方式，仅用1个多月的时间就解决了财务核算体系在缅实现平稳安全运行，提高了整体工作效率。

2011年4月初，财务部初步完成两个合资公司在缅甸的财务核算平台搭建工作（参见图9-25：财务核算平台）。在当时缅甸非常受限的网络和通信条件下，项目能够在极短的时间内完成两合资公司横跨缅甸、中国香港地区、北京三地的协同核算及结算信息管理体系，是全体中方团队共同努力的结果。同时能够在迁移到曼德勒之初就搭建起缅甸财务核算平台，及时完成财务核算日常业务，也结束了在缅单据背回国内手工处理的时代，为公司现场各部门和员工提供了直接快捷的财务报销及支付业务。

（三）组建国际化团队

由于相关会计系统的设计和搭建都是中方团队牵头完成的，受中方财务人员数量及属地用工比例所限，项目财务工作必须遵循国际化管理概念，选聘缅籍专业人员加入团队共同完成全流程业务。项目财务部从2010年底派员入驻仰光之初，就着手进行缅籍专业会计人员的选聘。项目财务部从仰光迁至曼德勒时，已经基本完成了当地会计人员的选拔和招聘。为使团队具备整体协作能力，公司开展了一系列有针对性的会计系统培训、开发和维护工作。项目财务部中方人员和系统专家多次为中方和当地员工开展SUNSYSTEM系统培训，使当地员工能够熟练应用系统完成会计核算业务。同时在系统专家的帮助下，财务团队充分开发利用系统功能，开发合同付款台账、预算对比分析、资金支付分析等管理报表，发挥了会计信息决策支持作用。

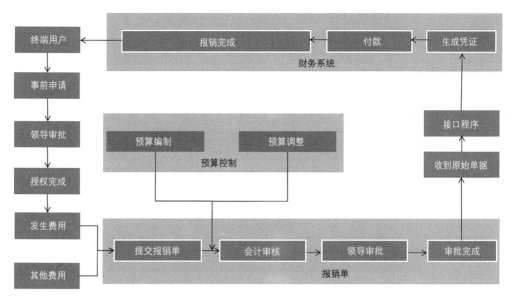

图9-25 财务核算平台

（四）财务信息化建设

2013年随着项目建设进入尾声，项目财务部开始提前筹划合资公司的运营期财务信息化建设规划方案，推动会计系统升级和网上报销系统上线。结合公司信息化建设的整体管理要求，项目财务部门提前规划，确立会计核算系统升级、网上报销系统上线、预算管理系统建设等信息化工作。

截至2013年11月，已经完成了会计核算系统网络化升级，网上报销系统已经根据公司管理需求完成系统开发、测试和人员培训，待合资公司管理层级业务授权确定后随时可以组织进行上线。网上报销系统主要包括事前业务审批和报销单审批两个模块。事前业务审批主要承担业务发生之前预授权功能，包含14项事前业务审批，基本涵盖公司日常业务申请内容。当事前业务审批类型为出差审批单时，可将事前业务审以附件的形式附加到报销单中作为支持依据。报销审批模块处理后续的费用核销业务，例如当员工出差归来或其他业务需要报销时，只需要在系统中创建报销单并提交，获得批准后即可触发账务处理并和核算系统对接自动生成凭证。

2014年公司积极推进财务信息化建设，先后上线了网上报销系统、预算管理系统等信息模块（参见图9-26：网上报销系统）。尤其是2014年6月网上报销系统的正式上线，改变了长期困扰公司的集中报销效率因外界自然交通环境和安全形势受限的问题，使分散在缅甸境内全线1000多千米中的十多个报销单位有了便捷的业务事前审批和费用核销审批方式。基本实现原始单据的线上影像化处理和记录全覆盖（参见图9-27：线上影像化处理报销单据）。

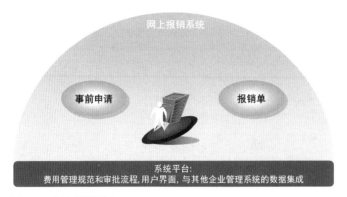

图9-26　网上报销系统

（五）预算全面管控

在油气两合资公司的运营过程中，因各地财年规定的差异，各股东方对项目的预算工作提出了进一步多维度和多区间编制管理的要求，单凭电子表格很难准确无误地完成这类复合型数据管理。合资公司财务部结合项目在缅运营实际，进行了需求的梳理和选型工作，完成预算系统测试工作，并于2016年5月成功上线运行。通过系统实现预算全面管控，减少管理资源占用，确保预算管理的高质量、高效率。同时，通过预算系统、报销系统、账务系统的有机结合，实现财务数据接口功能，将预算分解数据、执行数据在各系统间共享，优化财务内部管理流程（参见图9-28：财务数据统筹管理）。

2017年中缅管道又组织开展了预算系统提升工作，设计管理驾驶舱模块并完成管理驾驶舱需求报告。从可视化、人性化、系统稳定性等角度出发，组织公司相关部门及系统开发人员对预算系统进行梳理整改，整改完成后的预算系统用户体验得到全面提升。

持续改进中的管理驾驶舱将包括两利四率分析、成本指标分析、资金指标分析、综合指标分析、三桶油对标、盈利预测分析等主题，支持按月或按年展示、多月趋势分析、从集团到板块穿透；大大加强公司管理层或各处室负责人了解公司、部门经营情况的能力，充分发挥数字化财务系统的时效性和真实性，以直观形象的指标体系全面支持公司经营管理决策（参见图9-29：全面预算管理系统）。

随着公司数字化、信息化步伐的加快，在现有财务管理系统的基础上，先后开发并上线了资金计划管理系统模块、财务共享平台等功能。

费用报告封面　　　　　　原始单据　　　　扫描并发上传到系统　　　　　在线的扫描图像

图9-27　线上影像化处理报销单据

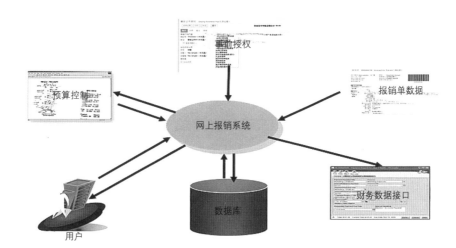

图9-28　财务数据统筹管理

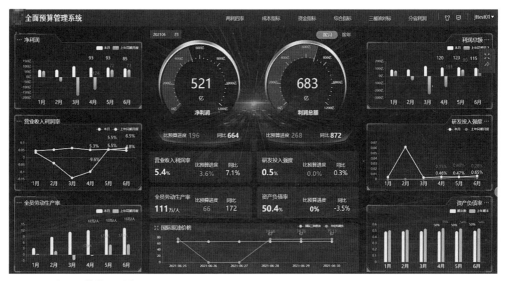

图9-29　全面预算管理系统

第三篇

成果总结及经验交流

中缅油气管道项目各项指标优异，取得了显著的经济效益与社会效益，实现了中缅两国共赢。项目积极履行社会责任，多途径开展社会援助，惠及当地民生，树立了良好的企业形象。通过前期综合预测和后期采取有效措施，有效化解了来自内外部的风险。中缅油气管道项目的成功为中资企业投资海外积累了可供借鉴的有益经验。

With its excellent performance, the Myanmar-China Oil and Gas Pipelines achieved significant economic and social objectives, and contributed a lot to a win-win Myanmar-China cooperation. It actively fulfill its social responsibilities and carried out social assistance, which benefiting the local people and establishing a good corporate image. Through comprehensive forecast in the early stage and effective measures in the later stage, it effectively avoid internal and external risks. The success of the Myanmar-China Oil and Gas Pipelines has accumulated useful experience for Chinese corporates to invest overseas.

156-201

Part III

Achievements and Experiences

第十章 成果总结

Chapter 10　Achievements

中缅油气管道项目交出了一份高水平答卷，8大控制性工程如期完工，30万t原油码头及首站、罐区高标准建成；管道焊接一次合格率高达98.68%，超过国际同类管道工程的质量指标；卡拉巴海沟穿越工程创造了世界管道穿越最深纪录。项目已获国家优秀工程设计金奖、国家鲁班奖和国家优质工程金奖，实现了工程设计、建设质量国家级、部级金奖"全满贯"，树立了中资海外项目的良好形象。

第一节　管理和技术成果

（一）工程建设各项指标优异

1. 探索能源合作新模式，"四国六方"共商共享共同引领企业发展

中缅油气管道项目践行中国石油"走出去"的发展战略，抢抓缅甸社会政治转型、经济高速发展新机遇，不断提升国际化经营能力和水平，高质量、高标准、高水平打造多国商业合作项目，实现各方互利共赢。中缅油气管道项目涉及四国六方，在股权结构设计上，形成了利益共享、风险共担的国际化多方合作模式。

2. 集中全球优势力量，形成工程建设和项目管理共建合力

中缅油气管道项目设计科学周密，管道线路选择有利地形，尽量避开高地震烈度区、地震活动断裂带、滑坡等不良地段，避免通过人口稠密、人员活动频繁地区。项目严格按照国际管道项目规范和模式进行操作，在包括设备选型、设计、施工在内的每一个重要环节，均严格遵守国际标准；采用国际一流的X70碳素钢管和德国伯马、舒克等国际知名厂商的设备产品；采用国际公开招标模式，在全球范围优选建设资源。

来自缅甸、印度、中国、美国、德国、英国、法国、阿联酋、泰国等全球多个国家资质优秀的企业贡献了优势力量；聘请了两家第三方工程监理公司对所有承包商建设质量实施全程监控，严格控制施工质量（参见图10-1：ILF监理进行质量检查）；聘请了来自阿联酋和印度的无损检测公司，对管道焊接质量进行专业检查；聘请德国、泰国、印度等国外有经验的监理工程师，为管道焊接质量等关键点进行质量控制提供双保险。国际知名企业共同参与，挑战世界管道建设史上的"不可能"，共同打造优质、

安全、环保工程。

3. 创新工程管理方式，高水平如期建成国际一流水准管道

项目建设期间，在机载激光雷达测量、海底管道敷设、南塘河大峡谷开挖、桁架跨越施工过程应力应变实时监控、原油码头泥岩地基处理等方面的技术创新上取得了重大突破，达到了国

图10-1 ILF监理进行质量检查

际先进水平。米坦格河跨越、南塘河大峡谷穿越等重要控制性工程、马德岛工作船码头、12个沉箱预制安装及箱内回填等原油码头基础工程均顺利告捷（参见图10-2：米坦格河跨越）。卡拉巴海沟穿越工程达到82m，创造世界管道穿越最深纪录。在参与各方的共同努力下，高标准、高质量、高效益地建成了优质、安全、环保、友谊的中缅油气管道。

4. 完善体系建设，不断提升体系运行水平

在生产安全上，项目以QHSE为核心，加强隐患排查与治理，连续5年组织开展徒步巡线活动，建立并完善管道基础数据台账，完善应急预案、强化演练，提升应急保障能力。项目采用管道完整性管理体系，有效防控各类安全风险。该体系对管道设计、施工、运营、维护、检修等过程中面临的风险因素进行辨识和评价，制定相应的

图10-2 米坦格河跨越

消控措施。开发运用包括SCADA技术在内的数据集成信息技术，持续改进、预防和减少管道质量、安全事故发生，经济合理地保障管道安全运行。

（二）推动了中国标准"走出去"

中缅原油管道项目原油码头及航道工程全面采用中国的标准规范，得到了业主的充分认可，为中国标准的"走出去"树立了一个正面的、有广泛影响力的典型。

缅甸国内基础工程建设水平不高，中缅油气管道项目的众多材料、设备、技术、工艺等很多都是在缅甸国内首次使用，业主对项目的施工技术水平十分肯定。中缅油气管道项目不仅对缅甸国内建设技术水平的提升起到了一定促进作用，同时也推动了中国标准"走出去"。

（三）形成一批标准、专利、专有技术、工法

1. 标准

中缅油气管道项目形成了28项企业标准。内容涵盖油气输送管道工程水平定向钻穿越设计、油气输送管道并行敷设技术、线路焊接、无损检测、环境监理等（参见表10-1：中缅油气管道项目形成的标准）。

中缅油气管道项目形成的标准　　　　　　　　　　表 10-1

序号	标准编号	名称	备注
1	Q/SY DYG0201-2010	《中缅天然气管道工程（缅甸段）热轧板卷技术条件》	企业标准
2	Q/SY DYG 0202-2010	《中缅天然气管道工程（缅甸段）螺旋缝埋弧焊管技术条件》	企业标准
3	Q/SY DYG 0203-2010	《中缅天然气管道工程（缅甸段）热轧钢板技术条件》	企业标准
4	Q/SY DYG 0204-2010	《中缅天然气管道工程（缅甸段）直缝埋弧焊管技术条件》	企业标准
5	Q/SY DYG 0301-2010	《中缅油气管道工程（缅甸段）感应加热弯管技术条件》	企业标准
6	Q/SY DYG 0302-2010	《中缅油气管道工程（缅甸段）感应加热弯管母管技术条件》	企业标准
7	Q/SY DYG 0303-2010	《中缅油气管道工程（缅甸段）站场管技术条件》	企业标准
8	CMGA-PJ-TE-RP-01	《中缅天然气管道工程（缅甸段）钢制管道内壁减阻涂层技术规范》	企业标准

序号	标准编号	名称	备注
9	CMOG-PJ-TE-RP-01	《中缅油气管道工程（缅甸段）线路工程施工技术规范》	企业标准
10	CMOG-PJ-TE-RP-02	《中缅油气管道工程（缅甸段）穿越工程施工技术规范》	企业标准
11	CMOG-PJ-TE-RP-03	《中缅油气管道工程（缅甸段）跨越工程施工技术规范》	企业标准
12	CMOG-PJ-TE-RP-04	《中缅油气管道工程（缅甸段）线路焊接技术规范》	企业标准
13	CMOG-PJ-TE-RP-05	《中缅油气管道工程（缅甸段）站场工艺管道焊接技术规范》	企业标准
14	CMOG-PJ-TE-RP-06	《中缅油气管道工程（缅甸段）无损检测规范》	企业标准
15	CMOG-PJ-TE-RP-07	《中缅油气管道工程（缅甸段）冷弯管技术规范》	企业标准
16	CMOG-PJ-TE-RP-08	《中缅油气管道工程（缅甸段）站场工艺管道及设备安装技术规范》	企业标准
17	CMOG-PJ-TE-RP-09	《中缅油气管道工程（缅甸段）清管试压技术规范》	企业标准
18	CMOG-PJ-TE-RP-10	《中缅油气管道工程（缅甸段）水工保护施工技术规范》	企业标准
19	CMOG-PJ-TE-RP-11	《中缅油气管道工程（缅甸段）安全监理规范》	企业标准
20	CMOG-PJ-TE-RP-12	《中缅油气管道工程（缅甸段）设备监理规范》	企业标准
21	CMOG-PJ-TE-RP-13	《中缅油气管道工程（缅甸段）自动化仪表技术规范》	企业标准
22	CMOG-PJ-TE-RP-14	《中缅油气管道工程（缅甸段）热煨弯管双层熔结环氧粉末外防腐层技术规范》	企业标准
23	CMOG-PJ-TE-RP-15	《中缅油气管道工程（缅甸段）钢质管道三层结构聚乙烯防腐层技术规范》	企业标准
24	CMOG-PJ-TE-RP-16	《中缅油气管道工程（缅甸段）站场管道及金属设施外防腐层技术规范》	企业标准
25	CMOG-PJ-TE-RP-17	《中缅油气管道工程（缅甸段）管道防腐补口补伤技术规范》	企业标准
26	CMOG-PJ-TE-RP-18	《中缅油气管道工程（缅甸段）竣工验收规范》	企业标准
27	CMOG-PJ-TE-RP-19	《中缅油气管道工程（缅甸段）环境监理规范》	企业标准
28	CMOG-PJ-TE-RP-20	《中缅油气管道工程（缅甸段）职业健康监理规范》	企业标准

2. 专利

在建设期间，中缅油气管道项目获得11项国家实用新型专利，包括工程用管道滚动支座、弯管专用吊具、山地挖掘机、山地综合运管车等（参见表10-2：中缅油气管道项目获得的设计专利）。

序号	类别	名称	授予单位	授予年份
1	国家实用新型专利	一种大口径油气管道滚动支座 专利号：ZL 2011 2 0344795.X	中华人民共和国 国家知识产权局	2012
2	国家实用新型专利	一种管道导向支座 专利号：ZL 2011 2 0293055.8	中华人民共和国 国家知识产权局	2012
3	国家实用新型专利	一种具有横向限位功能的管道滚动支座 专利号：ZL 2012 2 0380299.4	中华人民共和国 国家知识产权局	2012
4	国家实用新型专利	一种上滑式管道滑动支座 专利号：ZL 2011 2 0293056.2	中华人民共和国 国家知识产权局	2012
5	国家实用新型专利	一种伴行牵引山地挖掘机 专利号：ZL 2013 2 0162560.8	中华人民共和国 国家知识产权局	2013
6	国家实用新型专利	一种山地挖掘机 专利号：ZL 2013 2 0162545.3	中华人民共和国 国家知识产权局	2013
7	国家实用新型专利	液压支腿 专利号：ZL 2013 2 0162914.9	中华人民共和国 国家知识产权局	2013
8	国家实用新型专利	一种山地综合运管车 专利号：ZL 2013 2 0308403.3	中华人民共和国 国家知识产权局	2013
9	国家实用新型专利	山区运管双吊点吊索 专利号：ZL 2014 2 0070337.5	中华人民共和国 国家知识产权局	2014
10	国家实用新型专利	弯管专用吊具 专利号：ZL 2014 2 0070503.1	中华人民共和国 国家知识产权局	2014
11	国家实用新型专利	一种管道验收检测器用探头机构 专利号：ZL 2014 2 0698085.0	中华人民共和国 国家知识产权局	2015

3. 专有技术

2011年至2012年间，中缅油气管道项目4项设计专有技术获得中国石油和化工勘察设计协会的认可，涉及上滑式管道滑动支座设计技术、大口径高压力管道连续补偿设计技术、油气管道定向穿越钻具受力动力分析技术和油气管道桁架跨越施工应力应变实时监控技术（参见表10-3：中缅油气管道项目的设计专有技术）。

序号	类别	名称	授予单位	授予年份
1	专有技术	上滑式管道滑动支座设计技术 专有技术号：ZYJS2011-014S	中国石油和化工 勘察设计协会	2011
2	专有技术	大口径高压力管道连续补偿设计技术 专有技术号：ZYJS2012-007S	中国石油和化工 勘察设计协会	2012
3	专有技术	油气管道定向穿越钻具受力动力分析技术 专有技术号：ZYJS2012-008S	中国石油和化工 勘察设计协会	2012
4	专有技术	油气管道桁架跨越施工应力应变实时监控技术 专有技术号：ZYJS2012-010S	中国石油和化工 勘察设计协会	2012

4. 工法

在建设过程中，中缅油气管道项目以攻克施工难点为突破口，形成了3项国家级工法、2项省部级工法（参见表10-4：中缅油气管道项目形成的施工工法）。

中缅油气管道项目形成的施工工法　表10-4

序号	类别	名称	授予单位	授予年份
1	国家级工法	《长输管道干线机械化安装工法》 GJYJGF119-2012	中华人民共和国 住房和城乡建设部	2014
2	国家级工法	《管道气动夯管施工工法》 GJJGF392-2014	中华人民共和国 住房和城乡建设部	2015
3	国家级工法	《油气管道35度以内陡坡段机械化施工工法》GJJGF393-2014	中华人民共和国 住房和城乡建设部	2015
4	省部级工法	《50度以上石方段陡坡管沟施工工法》	中国石油工程建设协会	2015
5	省部级工法	《管道投产前智能测径施工工法》	中国石油工程建设协会	2015

（四）经济效益与社会效益显著

1. 经济效益

一是项目建设成本得到有效控制。通过设计方案优化、国际化招标、施工组织、竞价谈判、合同控制措施和严格控制费用支出等手段，中缅油气管道项目成本得到有效控制，节约建设投资达3亿美元。

二是投产后经济效益良好。中缅天然气管道解决了云南、贵州、广西的天然气需求，助推了西部省份的经济发展，提升了人民的生活水平。项目经过三年运营后，已收回投资的40%，经济效益总体良好。

2. 社会效益

一是惠及缅甸民众。中缅油气管道项目为两国带来了良好的社会效益。中缅油气管道建设期为当地提供了6000多个就业岗位，运营期聘用了800多名当地雇员；投入2900多万美元在缅甸实施了327项社会经济援助项目，在管道沿线捐建学校和医院，架桥修路建水库，捐助当地弱势群体，使当地上百万人直接受益。

二是促进中缅友好。中缅油气管道的建成投产，实现了中缅两国共赢。管道提升了缅甸清洁能源保障能力，改善了管道沿线民众生活水平，带动了就业和经济发展；打通了我国西南能源大动脉，改善了我国能源化工产业格局，降低了煤炭等资源消耗带来的污染。中缅油气管道项目已经成为落实"一带一路"倡议的标志性工程，为中缅两国经济引擎提供了强大的能源动力，并将继续助力中缅命运共同体建设。

（五）主要奖励和荣誉

1. 行业科技进步奖

2012年，中缅油气管道项目的"中缅海底管道敷设方式及关键施工技术研究"获得中国石油和化工自动化应用协会授予的"石油和化工自动化行业科学技术奖"（省部级）。

2. 设计奖

2012年以来，中缅油气管道项目共获得四项省部级设计奖，包括2016年石油工程优秀设计一等奖一项、两项二等奖和一项银奖（参见表10-5：中缅油气管道项目获得的设计奖）。

中缅油气管道项目获得的设计奖   表10-5

序号	级别	荣誉名称	颁发单位	颁发年份
1	省部级	2016 年石油工程优秀设计 一等奖	中国石油工程建设协会	2016
2	省部级	石油和化工自动化行业科学技术奖 二等奖	中国石油和化工自动化应用协会	2012
3	省部级	2014 年优秀测绘工程 银奖	中国测绘地理信息学会	2014
4	省部级	2014 年石油工程优秀勘察奖 二等奖	石油天然气工程建设质量奖审定 委员会和中国石油工程建设协会	2014

3. 质量控制成果奖

中缅油气管道项目获得一项国家级质量控制成果奖，三项省部级质量控制成果奖（参见表10-6：中缅油气管道项目获得的质量控制成果奖；图10-3：全国工程建设优秀质量管理小组一等奖；图10-4：中国建设工程鲁班奖（境外工程）；图10-5：国家优质工程金质奖）。

图10-3 全国工程建设优秀质量管理小组一等奖

中缅油气管道项目获得的质量控制成果奖   表10-6

序号	级别	荣誉名称	颁发单位	颁发年份
1	国家级	2013 年度全国工程建设 优秀质量管理小组一等奖	国家工程建设质量奖 审定委员会	2013
2	省部级	《降低工程设备维修成本 QC 成果》 （一等奖）	中国石油工程建设协会	2012
3	省部级	《Φ40 硅芯管穿越 850m Φ114 套管施工 方法探索 QC 成果》（一等奖）	中国石油工程建设协会	2013
4	省部级	《中缅项目（缅甸段）提高山区石方管沟 回填质量》（二等奖）	中国石油工程建设协会	2013

图10-4　中国建设工程鲁班奖（境外工程）　　　图10-5　国家优质工程金质奖

4. 管理成果奖

依靠优异的建设指标，中缅油气管道项目多次获高级别工程质量奖（参见表10-7：中缅油气管道项目获得的工程质量奖）。

中缅油气管道项目获得的工程质量奖　　　　表10-7

序号	级别	荣誉名称	申报项目	颁发年份
1	国家级	中国建设工程鲁班奖（境外工程）	中缅天然气管道工程（缅甸段）	2016
2	省部级	石油优质工程金奖（境外工程）	中缅天然气管道工程（缅甸段）	2016
3	国家级	国家优质工程金质奖（境外工程）	中缅天然气管道工程（缅甸段）	2017
4	国家级	国家优质工程（境外工程）	中缅原油管道项目 原油码头及航道工程	2019
5	省部级	石油优质工程金奖（境外工程）	中缅原油管道工程（缅甸段）	2019

第二节　媒体应对

随着缅甸转型的深入，媒体舆论环境逐步放宽。加之网络和手机的使用率上升，媒体传播对民众意识的影响越来越大。作为中资在缅大型项目，中缅油气管道受到媒体广泛关注。通过多措并举，中缅油气管道项目及时做好信息公开，有效化解了管道建设和运营中面临的潜在舆论风险。

图10-6　在仰光召开媒体新闻发布会

（一）注重差别化沟通

首先，中缅油气管道项目注重加强与缅甸当地媒体联系，根据其关注的重点问题，做好针对性和差别化沟通，以期达成最大共识。其次，中缅油气管道项目加强与中国媒体在亚太及缅甸所设机构的沟通联系，学习与不同媒体打交道的有益经验。最后，与当地媒体合作，借助当地媒体把中缅油气管道项目传播开、宣传好，扩大项目的正面影响力。

（二）加强信息公开

中缅油气管道项目深知及时做好信息公开、满足媒体和民众知情权的重要性，多措并举，做好宣传报道。一是"紧盯重点"开展舆情监控，发现情况迅速应对；二是"权威发布"解疑释惑，多次在缅甸举办媒体见面会，逐年发布项目手册，回应民众关注的管道安全、环境保护、土地赔偿和社会公益等热点问题（参见图10-6：在仰光召开媒体新闻发布会）；三是"主动出击"引导舆论，开通外部网站和Facebook账号，加强与外界沟通，积极传递信息。目前，Facebook账号关注人数已达到81万人。

（三）主动联系非政府组织

缅甸的非政府组织不仅数量多，而且非常活跃，是影响媒体和民众的一支重要社会力量。一些非政府组织对中缅油气管道项目极为关注，项目主动与相关组织保持接触。2016年，项目新闻发言人率队与针对项目成立的"中缅管道观察委员会"进行了座谈，有效沟通消除了很多误解和隔阂。

第三节　社会援助

中缅油气管道项目坚持价值共享，积极履行企业在缅社会责任。自中缅油气管道项目开工建设以来，时刻关注缅甸社区民生的改善及生态环境的保护，坚持系统性、针对性地有效开展对缅社会公益项目。多年来，在缅甸电力能源部、缅甸石油天然气公司及缅甸各地方政府的大力支持和帮助下，中缅油气管道项目努力造福当地民众，在社会公益方面取得了良好成绩，为缅甸经济社会发展做出了积极贡献，全面彰显了中缅油气管道项目互利共赢和中资企业负责任的优秀形象。

（一）援助取得显著成效

截至2021年底，中缅油气管道项目已完成社会经济援助项目327项，累计总投资达

图10-7　项目援建的内比都彬马那第三基础教育高中教学楼

图10-8　曼德勒省皎伯东镇普亚基功村打井项目

2900多万美元，着重从教育、医疗、供水、供电、通信、道路等方面实施专门用于改善管道沿线地区人民生活水平的社会公益项目，受益人群120余万人（参见图10-7：项目援建的内比都彬马那第三基础教育高中教学楼；图10-8：曼德勒省皎伯东镇普亚基功村打井项目）。项目同时积极关注第三方公益，多次向妇女儿童基金会、中缅友好协会等公益

图10-9　中缅油气管道项目社会责任专题报告发布会

组织进行捐赠，协助其爱心公益活动。对管道沿线多所寺庙、学校、贫困村镇进行走访，在宣传管道安全知识的同时，捐赠各类生活必需品，大大改善了管道沿线百姓的学习、生活水平。

（二）项目获得普遍认可

中缅油气管道项目在积极履行社会责任的同时，也注重对企业社会责任履行情况进行宣传。2017年5月25日，"中缅油气管道项目社会责任报告发布会"在缅甸仰光举行，以中英缅三种语言编写的《中缅油气管道（缅甸）企业社会责任专题报告》正式发布。出席此次发布会的缅甸新闻媒体共有12家，包括缅甸国家电视台、缅甸国家电视台-4号、今日民主报等缅甸主流电视台、纸媒、网站等相继围绕中缅油气管道项目对缅甸社会经济发展带来的影响以及项目在缅甸开展社会经济援助流程、成果、规划等内容进行正面评述。发布活动取得了积极成效，有力回应了社会各界关切的问题，积极宣传了中缅油气管道项目的良好形象，为中缅合作积聚了正能量。

2020年1月13日，中油国际管道公司中缅油气管道项目在缅甸仰光梅里亚酒店举行《中缅油气管道项目社会责任专题报告》发布会（参见图10-9：中缅油气管道项目社会责任专题报告发布会），向社会各界披露项目积极履行企业责任，造福缅甸人民的情况。此次发布会备受缅甸各界关注，包括中国国际广播电台、新华社、环球时报、光明日报、缅甸新光报、七日报、十一日报、标准日报、缅甸时报、声音报、流行周刊、新闻观察周刊等中缅近30家主流媒体和缅甸宣传部新闻局、中国缅甸友好协会、缅甸记者协会、缅甸媒体委员等单位、组织出席参加。通过媒体的广泛报道，发布会有力地宣传了造福缅甸人民的友谊金桥的形象，充分展示了中缅油气管道项目积极履行社会责任，融合当地社区的品牌形象，得到了包括大使馆、缅甸官方、缅甸媒体界和民众的一致好评。

（三）社会援助典型案例

1. 马德岛——海岛换新颜

中缅原油管道的起点马德岛是印度洋孟加拉湾的一个离岛，隶属缅甸若开邦皎漂地区，岛上陆地面积约12km²。马德岛的居民世代以打渔、种植为生。马德岛是输油管道第一站，是原油管道的龙头，也是中缅管道功能最多、最复杂、最重要的部分。2009年10月，马德岛作为中缅原油管道起点率先开工。工程建设初期，马德岛原始森林覆盖，没有公路、没有淡水、物资匮乏，施工条件极其艰苦。中缅两国人民团结协作、共同奋战，历经5年艰苦建设，于2014年5月30日实现了原油管道建设机械完工。中缅油气管道项目在马德岛上建成了30万t级原油码头和相应的深水航道以及原油管道首站、120万m³原油罐区、天然气管道1号阀室、工作船码头等设施，昔日原始小岛变身现代化海港。

中缅油气管道项目在马德岛开展工程建设的同时，时刻注重改善当地民生。岛上居民一直靠积攒雨水获取淡水，长期以来深受肠道疾病和皮肤病的困扰。项目为岛上居民建设了自来水工程，包括500m³高位水池、6060m供水管道及覆盖5个村庄的15个供水点，每年可以为岛上3000余居民提供22万t清洁用水。水源来自中缅原油管道项目合资公司投资建设的蓄水量为65万m³的水库（参见图10-10：马德岛水库）。马德岛居民自此全部用上了清洁的自来水，千年海岛跨越式进入了现代生活。2012年的泼水节，岛上居民们再也不必因缺水而泼洒泥浆，他们尽情地泼洒着干净的自来水，表达着对美好生活的祝福（参见图10-11：马德岛居民用上了自来水）。

通过与当地村民沟通，了解当地生活环境、社区发展情况，中缅油气管道精心甄选了具有针对性的社会经济援助项目，积极改善村民生活条件和生活环境。为方便渔民出海，项目修建了岛上第一条进村公路，架设木桥3座；修建了通村公路，连通5个自然村，共计5.6km。2017年，项目持续投入近3万美元用于马德岛村庄桥体维护。根据马德岛当地民众需求，项目投入30万美元为缅甸马德岛建设手机信号基站。2015年初，随着通信塔投用，岛上居民尽享手机通信的便利，彻底解决马德岛手机信号无覆

图10-10　马德岛水库

图10-11　马德岛居民用上了自来水

图10-12　马德岛上援建的通信塔

盖的局面（参见图10-12：马德岛上援建
的通信塔；图10-13：马德岛居民试用电
话）。此外，项目还投入12万美元为全岛
704户村民每家捐赠一块电表，并配合皎
漂县电力局尽快为居民供电。

　　如今，马德岛的居民由饮用雨水实现
了村村通自来水，由每天供电3小时到家
家户户实现24小时供电，由零公路到村村
通公路，由无移动电话信号到装上4G信
号通信基站，岛上建起了学校、医疗站，居民生活发生了巨大变化。当地居民积极参

图10-13　马德岛居民试用电话

与项目建设，约有1000人参与工程施工，目前仍约50人在项目工作，其中10人在重要技术岗位。缅甸方面领导在中缅原油管道工程预投产仪式上曾表示："由中缅两国共同建设完成的马德岛港是缅甸首个具有国际水准的石油港口，将使国家和人民双方受益，助缅甸经济发展，造福缅甸人民。"马德岛居民目前的幸福生活，正是中缅油气管道造福缅甸人民的真实写照。

2. 德潘盖僧侣学校——爱心传递知识

德潘盖僧侣学校位于缅甸掸邦彬乌伦市囊丘镇德潘盖村，是一所由寺院住持管理的学校。在校生主要是寺院的90余名小沙弥以及邻近村庄的孩子，他们和地方学生一起在学校里诵经、接受教育。学校负责全部沙弥的食宿。

中缅油气管道距离德潘盖寺院仅1km，项目一直与寺院以及周边村落保持着良好的企地关系。早在2013年，中缅油气管道项目就为该校捐建了一座长90英尺、宽30英尺的校舍，让孩子们能够在宽敞明亮的教室里安心学习。之后，项目一直保持着对该校的回访，多次捐赠作业本、书包等学习用品。随着缅甸经济社会的发展，缅甸人民对于教育越来越重视。该校住持向中缅油气管道项目提出，希望援建一座图书室，方便孩子们及周边村民阅读、学习；同时援建一条邻近村庄往来该校的道路，方便走读学生往返学校。

经过充分的前期现场调研，由中缅油气管道项目合资公司工作人员与缅甸油气公司人员等共同组成的社会公益项目工作委员会认为德潘盖学校师生以及周边村民的需求非常现实和客观。为进一步履行国际化合作项目的企业社会责任，巩固项目同管道沿线缅甸人民的和谐友好关系，2016年，中缅油气管道项目合资公司决定投入4万美元向德潘盖僧侣学校援建图书室一座、村校通勤道路一条，为德潘盖村的教育事业作出贡献。2017年1月，中缅油气管道项目援建的德潘盖图书馆工程（40英尺×26英尺×12英尺）正式完工并交付校方使用。截至目前，图书室内已藏有缅语、英语各类书籍8200本，供学校师生以及周边村民借阅（参见图10-14：学生在项目援建的德潘盖僧侣学校图书馆阅读）。村校通勤道路于2017年2月正式完工，路面宽12英尺，总长度达4200英尺。

2017年3月，中缅油气管道项目协同缅甸各主流媒体对德潘盖僧侣学校进行回访，调查图书室以及道路援助项目落实情况，并给孩子们带去了新一批的学习用品。住持对项目"老朋友"的到来表示热烈欢迎。谈到中缅油气管道项目对学校这些年的帮助，他感慨颇多，"缅甸是一个还在发展中的国家，我非常感谢中国朋友们为孩子们所做的一切，你们的善举使这些成长中的孩子们懂得了帮助他人的伟大。几年来，已经有好几批孩子在你们捐助的教室内读书、考学，有些特别优秀的毕业生更是选择了留在这

图10-14　学生在项目援建的德潘盖僧侣学校图书馆阅读

个偏僻的村庄做老师，教育学校里其他的孩子。这些都是从你们以及其他所有帮助我们的人们身上得到的最宝贵的财富。"

　　书籍是知识的载体，阅读是智慧的源泉。有了崭新的图书室，孩子们便可以通过阅读书籍走出闭塞的小村，将视野投向更广阔的世界。图书室内一个个专注阅读的身影，就是创造缅甸更加美好未来的一个个希望。

第十一章 经验交流
Chapter 11 Experiences

经过多年的跟踪、研判和实践，中缅油气管道项目在缅甸开展投资和项目运营时，积累了法律风险、人文风险、环境风险、市场风险识别及防范等方面丰富的经验。中缅油气管道建设和运营积累的成功经验值得中国企业在走向海外时学习和借鉴。

第一节 法律风险与防范

（一）企业法律风险概况

1. 缅甸法律环境简介

缅甸是"一带一路"沿线重要国家，是东盟成员国之一，具有连接东南亚与南亚的区位优势。自2011年以来，缅甸处于转型期，经济快速增长，但经历过60余年英国殖民统治，缅甸许多法律法规还源于英属殖民统治的法律遗产。2016年以来，随着转型的深入，政府陆续修订和颁布了一些新的法律法规，法律环境有了较大改善。但是，由于缅甸自身处于政治、经济改革的初级阶段，基础设施比较落后，金融体系不发达，司法体系不完善，外资法律环境总体仍然严峻，在缅甸开展经营活动仍存在不少法律风险。

2. 企业法律风险防控概况

作为在缅甸运营的四国六方合作项目，中缅油气管道项目切实做到了严抓法律风险防控，杜绝重大法律风险，保障基础性协议的执行。中缅油气管道项目严格遵守缅甸所有的强制性法律法规和政府通告等，尤其是和项目运营直接关系的缅甸《投资法》《公司法》《税法》《劳工法》《最低工资法》《港务法》《环境保护法》等。遵守法律法规和规避法律风险、完善公司治理结构、健全规章制度及强大的制度执行力等法律风险防控日渐成为项目顺利开展的基石。

项目启动前期，即从法律主体、税收优化、人员薪酬、环境保护等方面进行设计。通过对注册地公司监管、税收、外汇等分析和比较，将两个合资公司东南亚原油管道有限公司（SEAOP）和东南亚天然气管道有限公司（SEAGP）注册在中国香港地区，同时严格遵守中国香港地区的法律，保证了运营主体的合法性。按照缅甸法律的要求，两个合资公司在缅甸分别登记了分公司，实际负责在缅甸管道项目的安全生产运营管理。2018年缅甸新公司法实施后，又按照其要求在规定的时间内进行了线上登记注册，并不定期进行公司、股东、董事等相关信息变更备案登记，定期进行年度申报等。

从公司治理和经营理念看，合资公司自成立伊始就科学构建公司治理结构，分配股东大会、董事会和公司高管的职权，形成了良好的决策和执行机制，理顺了公司内部授权和监督关系、公司外部审计监督合规的关系，引入先进安全生产经营理念，不断加大员工的当地化、国际化。公司在经营中自觉践行尊重知识产权、反商业贿赂、反利益冲突、反垄断和不正当竞争、反洗钱、保护员工隐私和人权、保护公司财产、保护环境、重视安全生产、员工健康、安全至上、和谐社区、企业社会责任等国际准则和理念。

（二）法律风险分析

1. 缅甸政局及法律的不稳定风险

近十年来，缅甸进入了飞速发展时期，各项改革进程也引人瞩目，缅甸的法治化也进入新的时期，法律作为缅甸政府管理国家的工具和民主化进程的重要部分，愈发得到政府的重视。但缅甸法律修改频繁、政策不时发布以及政局动荡仍然给项目合法稳定运营带来了风险。

民选政府上台前，缅甸法律基本以原英殖民地和印度统治时期的法律为框架，法律陈旧，不能适应新时期的缅甸经济社会发展需要。近几年，缅甸先后颁布了《投资法》《公司法》《税法》《公寓法》等以吸引外资进入、改善投资环境，同时在税收、劳工、环境等方面也先后制定和修订了许多重要的法律。但是这种修订没有从根本上改变缅甸法制的旧有框架。缅甸法治建设仍旧缺少科学的规划、统筹的架构，法律的公开性、稳定性和统一性不够，政府命令、临时政策、部委通知代替法律、政令反复的现象较为普遍。如缅甸的税法，除了近几年每年在发布缅甸联邦《税法》外，有权机关还发布各种税收临时政策，导致企业守法成本提高。另外关系到外商投资的基础法律投资法也是不断进行修改，直到2017年才颁布《公司法》。这些都给中缅油气管道项目运营带来法律风险。

作为四国六方合资合作的"一带一路"项目，中缅油气管道项目基础性协议的稳定性显得尤为重要。近几年来，项目一直坚持基础性协议不能有任何修改，保证协议的稳定性和各股东投资回报率的实现。

2. 中国香港地区和缅甸《公司法》的强制要求

项目还需遵守中国香港地区（简称"香港"）有关法律法规，主要涉及香港公司条例、香港税务法律法规以及香港特区政府对注册公司的相关法律要求。例如，公司按照要求每年向香港地区公司注册处提交周年申报；每年需要进行商业登记年检；在股东、董事等信息变更后的15天内提交备案以及其他公司内部运营机制的遵守等。

缅甸《公司法》主要强制性要求包括以下方面：

第一，海外公司的授权代表必须为缅甸常住居民，公司应有至少1名董事为常住居民，即缅甸永久居民或自公司成立之日起每12个月内在缅累计居留满183日的人员，此长期居留要求是公司应当时刻关注的法律风险。

第二，年度申报迟延提交风险。在缅甸开展业务的海外公司必须在每个财年结束后28日内提交年度申报，否则其授权代表将被处罚款及滞纳金。

第三，公司变更注册地址、授权代表、公司秘书、公司章程等，需要在变更之日起的28天内通知缅甸投资与公司管理局（DICA）。

第四，公司应置备公司登记簿（包括授权代表登记册、公司秘书登记册、抵押及权利负担登记册等）、会议纪要及公司章程副本，并存放于公司注册地址或主要营业地点。

第五，公司应在每个日历年中至少向DICA提交一次公司的经审计的财务报告，两次提交间隔不超过15个月。

第六，公司材料、建筑服务、维保及其他服务供应商应依缅甸新《公司法》在缅进行注册，但供应商在缅从事非重复性的、单次工期不超过30日的商业活动除外。

3. 劳动人事相关风险

缅甸劳动及社保相关法律对在缅公司和员工也有劳动合同、最低工资、每周工作时长、加班、人身伤害或死亡汇报、带薪休假、解雇、辞职等相关规定。在新冠疫情和暴恐活动频发的情况下，尤其需要关注缅甸劳动法律法规对不到公司上班和解除劳动合同的强制要求。

一是停工形式的安排。缅甸法律尚无有关停薪留职的明文规定。但是，若公司与员工签订的劳动合同中有劳动合同在特定情况发生时可暂时中止并做停薪留职安排的相关约定，则该合同义务有效。在雇主和雇员无前述类似约定的情况下，双方可就停薪留职补充达成共识。新冠肺炎疫情爆发以来，为避免疫情扩散，缅甸政府不时发布有关特定镇区实行居家隔离政策的通知，加之后来缅甸全国进入紧急状态，部分企业停业，因此公司对员工做出了一些居家办公、集中办公的工作方式，雇员可能存在疑问或不满，从而产生劳动纠纷。

二是解除劳动合同方面。解除劳动合同在缅甸法律法规下有严格的规定，包括法定事由、解除方式、遣散费标准等均容易引起劳资纠纷。

三是疫情期间居家办公。疫情期间，项目可能安排部分或全部员工居家办公，而居家办公期间的工资、假期安排等可能引发争议，公司需要严格按照法律规定实行居家办公政策。根据2020年3月20日缅甸卫生与体育部发布的《关于防控新冠病毒的指令》，员工有发烧、咳嗽、呼吸困难症状、怀孕或与被隔离人员同住的情况，公司应要求其居家。若在前述情况下，员工拒绝居家，则可能根据缅甸《刑法典》规定，被认定为有意传播危险疾病而被处以6个月以下监禁或处/并处罚金。因此，在员工拒不配合居家要求的情况下，将构成犯罪。公司应及时报警并可以雇员违反劳动合同下的严重违反劳动纪律条款为由，单方面立即解除劳动合同且不予支付赔偿金。若公司按缅甸卫生与体育部指令要求员工居家办公，员工可以远程工作，则居家期间仍被视为工作日；若员工无法远程工作（如病重或无网络条件等），则该居家期间被视为请假。依据《休假与假期法案》（Leave and Holidays Act 1951）规定，员工在公司工作满6个月的，每年可享有30天带薪病假。依据《休假与公共假期条例》（Leave and Holiday Rules 2018）规定，若员工未在公司工作满6个月的，可以享受无薪病假。

四是员工感染新冠病毒。缅甸新冠疫情反复，公司员工可能存在确诊病例。在此情况下，公司有法定的报告义务，否则将面临处罚。当前，缅甸的疫情尚未得到有效控制，公司雇员外出工作染疫风险升高。若雇员因工出行或在工作中染疫，可能产生赔偿争议。

4. 职业安全和健康法风险

缅甸职业健康和安全保障相关法律对企业的生产经营环境、工作流程、劳动防护、健康管理等方面都有明确而强制性的规定。例如，对工作地点、流程、设备和材料可能导致的风险进行评估、改善工作环境确保员工健康安全、提供防护设备、制定设定应急计划、承担职业安全和健康事项相关的费用、开展职业安全培训等。

根据《职业安全与健康法》（Occupational Safety and Health Law 2019），"职业事故"指因工作或在工作期间导致的死亡或伤害。另根据《社会保障法》规定，"工伤""系指员工在工作地点或工作地点之外因工作原因，或履行工作职责，或为雇主之利益行事，或往返工作地点而导致的伤害、死亡或职业疾病"。在前述定义下，若员工能够提供合理的证据证明其系在工作期间、上下班途中、工作地点感染新冠病毒，则可能构成工伤。员工感染新冠病毒一旦被认定为工伤，则可以由社保提供医疗、临时伤残补贴、永久伤残补贴和遗属补贴等权益。尽管存在上述规定，《社会保障法》规定，若因公司未制定职业安全计划和保护或对工作场所安全有疏忽的，应当自行赔偿由此造成的员工伤害以及员工工伤情况下应享有的社保权益。

在发生工作期间感染新冠病毒或暴力袭击伤亡的情况下，为确保日后顺利申请社保工伤补贴，根据《社会保障法》规定，公司在员工发生严重工伤或因工伤死亡的情况时，必须及时向所在镇区社保办公室汇报，并在24小时内将相关情况以表的形式再次提交镇区社保办公室。镇区社保办公室的官员将前往工作地点查看是否确为工伤并进行记录。

5. 财税相关风险

缅甸政府为吸引外国投资者，于1988年9月确立了对外开放实行市场经济政策，继而制定了针对在缅投资的一系列税收优惠规定。1988年11月，缅甸联邦国家法律与秩序委员会（后改为"国家和平与发展委员会"）颁布《缅甸联邦外国投资法》，奠定了缅甸近代联邦税制改革的基础。1998年12月，缅甸联邦政府制定和颁布了《缅甸联邦外国投资法实施细则》，对外国投资的管理机构、投资申请内容及审核批准流程、合同约定期限结束前停业、企业保险强制要求、企业员工本地化比例要求、税收减免、资本金评估与注册、外汇收付及兑换等事项内容做出了细节规定。2012年11月，新的《缅甸联邦外国投资法》（简称《投资法》）颁布，对1988年版的外国投资法进行了大幅修改，旨在进一步消除制约本国经济发展的障碍，使规定更加具体和具有可操作性，增强投资吸引力、适应国际投资的新要求。2013年1月，新的《缅甸外国投资法实施细则》颁布，旨在对新颁布的外投法进行一个详细具体的解释和补充。主要内容包括对于经济项目、投资形式、委员会的组成与会议召开、获得批准令的申请的程序、获得批准令后的后续工作要求、对项目建设期的规定、对项目的租赁、抵押、股权变更、转让、保险、职员和人工的雇佣、免税及相关税务优惠、土地使用权、外国资本进入的批准、外汇兑换、外汇申报审批、各部委联合工作组的配合、行政处罚、争议解决等进行明确。2016年10月颁布了缅甸《投资法》，该法案第101款声明，2012年的缅甸联邦外国投资法和2013年的缅甸联邦国民投资法即日起由该法替代。2017年3月，对应缅甸投资法的实施条例颁布。该条例是目前在缅投资需要遵循的最新财经法规。

对于税收征管，1987年缅甸国税局制定了《缅甸国内税收实施条例》，明确了所得税、利润税、商业税、印花税、彩票税的税收征管以及税务局机构设置。1991年颁布的缅甸商业税法也详细规定了税收征管的内容，2014年商业税又有了进一步的修订，其体制与内容上与中国的税收征管法有一定差别。需要特别指出的是，商业税法中在纳税人或税务人员的法律责任方面，规定了对贪腐舞弊行为的惩罚措施。

商业税的征管规定中明确：税务人员收受贿赂、徇私舞弊、玩忽职守的，纳税人员行贿税务人员的，纳税或税务人员弄虚作假的，将被判处3～7年的监禁。特别是进入缅甸民盟执政时代，税务官员进入企业现场进行年度检查，非常注意划分与企业间的交流边界，甚至拒绝企业为其提供工作餐和往来工作现场的车辆接送服务。此外在税务审计核查中，现场稽查官员也重点清查业务招待费类的账目是否有与招待政府相关的费用支出，与政府有关的业务招待费不能作为公司业务支出在所得税前扣除，且对同一对象单次超过25000缅币的业务招待费用将被视为贿赂，税务人员有权取证并起诉收受贿赂双方。在缅企业日常业务处理中就应对相关要求予以落实。1992年3月缅甸《税务法》颁布，主要规定税务局征税和计划财政部部长在确定税率、免税等方面的职责。缅甸税务也采用类似案例法的通告进行法条或细则的澄清更新，导致每年的制度更新通告繁多琐碎，尤其是随着政权更迭，政府不时更新的联邦税法和各项法律法规对应的相关实施条例，这就要求企业每年及时更新相关税收法规的具体要求并按期足额缴纳各类联邦税和地方税，避免因未能按期缴纳税款而产生的罚款。

缅甸税法以足额预缴为原则，与中国或大部分其他国家地区分期预缴年终汇算清缴原则不同。在中国或其他大部分国家地区，预缴金额根据企业各期财务报表数据计算，汇算清缴时正负偏差均属于正常情况，多退少补即可。而根据缅甸相关法规和税收实践，企业应按照季度预缴所得税款。在年终汇算清缴时，如各期预缴金额之和小于实际应缴金额，则企业被视为迟交税款，因此将遭到高额罚款。简而言之，缅甸预缴税款只能多不能少，多缴部分可申请转下年抵扣或申请税收返还，实际操作中主要是通过后期抵免方式实现。缅甸企业所得税每季度结束后10日内缴纳税款，同时财年结束后3个月内申报年度所得税，如未能及时足额缴纳，将产生10%的罚款；企业应每月结束后10日内缴纳商业税，财年结束后3个月内申报年度商业税，如未能及时缴纳，将产生10%的罚款。涉及印花税未能及时缴纳的，将影响合同的法律效力，如文契签订后30天内应缴纳印花税；文契签订之日起30日内未缴纳将被处以欠缴税额3倍罚款；如果合同是在缅甸境外签订的，应在将合同带回缅甸后3个月内缴纳印花税；如未能及时缴纳印花税，则将影响合同的法律效力执行，除非企业完成印花税及其逾期罚款的缴纳。

如因各种原因例如当地税务官员并未办公，导致无法及时完成税务合规工作，可以聘请当地事务所寻找不同层级的沟通渠道，第一时间获得税务当局的业务信息，并协助完成相关税务合规工作，以合法规避税务合规风险及额外罚款损失对业务开展产生的不利影响。

6. 货币及外汇相关风险

缅甸金融环境主要以中央银行为核心，国有银行为主体、多种金融组织并存。缅甸中央银行即国家央行，主要职责是稳定缅甸货币价值，制定实施货币政策，在经济制裁情况下是缅甸国家层面境内外货币流通的主要收支结汇管理中心。缅甸《外汇管理法》明确规定缅甸属于外汇管制国家，同时对授权外汇交易机构、外汇使用及管理做出了原则性规定。此外缅甸《投资法》中也对在缅企业外汇账户的开立、外汇的使用、汇入、兑换、审计、外汇转移（包括出境）进行了逐条规范。受长期制裁影响，缅甸外汇资金匮乏，长期实行外汇管制，操作上也无法实现外汇的自由出入和自由兑换。为解决国内外币现钞的紧缺问题，缅甸使用外币兑换券（FEC–foreign Exchange Currency）代替外币在本国境内流通。即企业将外币汇入缅甸境内，只能兑换为缅币或从账户中提取FEC作为境内外币使用。上述管制对在缅直接投资和外贸业务的发展形成了实质性阻碍。缅甸外汇日常管理主要由外汇管理委员会和具体授权的外汇处理行负责。未经许可任何人在国内不得买卖、借贷、兑换外汇。但缅甸市场实际交易货币的使用并无具体监管措施，企业和民众倾向于使用币值波动较小的外币作为定价或交易币种。严格的官方外汇管理体制与广泛的市场需求冲突滋生了缅甸全境庞大的地下钱庄及民营货币兑换体系。缅甸各大城市及普通乡镇分布了大大小小的民间兑换市场或兑换点，普通民众习惯于从这些公开的民间市场办理相关外汇业务。2013年以前地下钱庄的外币民间兑换价格与国有银行的官方汇率价格相差百倍以上，兑换差的存在变相刺激了缅甸民间外汇市场的畸形发展。在缅经营企业也面临严峻的合规与经济利益冲突选择。

2010年1月起，缅甸开始放宽进出口贸易的外汇管制。通过传统的出口贸易获得的外汇以及其他来自国内酒店旅行社等服务行业的外汇收入都可以用于商品的进口。由于缅甸工业体系不完善，大量工业产品需要进口，所以这种外汇自由支出结存权显得尤为可贵。例如缅甸居民或企业如果想购买汽车，也是需要拥有规定数额的外汇券存款后，才有资格申请购买。2013年缅甸接受国际货币基金组织的帮助进行货币改革，4月1日开始取消外汇兑换券，过渡期一年。最终，缅甸中央银行在2014年发布公告，宣布完全废止外汇兑换券的使用。2015年缅甸政府公布将分三步取消外汇在缅甸境内市场的流通，强化缅币在国内的市场结算主体地位。第一步是从2015年10月开始收回此前向旅游业、餐饮业、免税店、航空公司、通信及其他行业公司颁发的外汇接受和使用许可证；第二步是正式取消使用外汇；第三步则是对违规使用外汇者进行法律追究。但实际情况来看，由于对违规使用外汇的法律追究一直没有强有力执行，所以上述规定仅对大型企业约束力较强。对于缅甸广大中小企业或私人交易来看，外币仍在日常交易中占有重要地位。此外需要注意的是，缅甸规定缅币现钞不得出入国境，违者没收，所以在个人进出缅甸国境时应避免携带缅币现金，如在离境时仍有缅币现金剩余，可在机场货币兑换点凭本人护照换回美元。

2021年10月，为了加强出口外汇收入管理，缅甸中央银行颁布了新的外汇管理条例，要求出口项下获得的外汇必须在30天内使用或购买进口产品，超过期限未能使用的外汇余额需要在指定外汇交易行强制兑换为缅币。即在缅本土企业无权持有外汇结余，外汇实行30天内即收即兑。

目前，缅币是缅甸境内法定流通结算货币，但实践中美元仍在其境内结算中占据重要地位。缅甸央行规定美元、欧元、新加坡元为官方认可的国际结算货币和可兑换外汇，此外泰铢、马来西亚吉特为可兑换外汇。2019年1月，缅甸央行宣布人民币和日元为官方认可的国际结算货币。2021年12月，缅甸央行发布通告，为便利东盟金融一体化进程以及中缅边境地区进出口贸易，明确中缅边境地区允许使用人民币与缅币作为流通货币。实际上，从2009年起配合人民币国际化的发展需求，中缅管道项目就牵头组织国内多家大型银行机构前往缅甸与缅甸央行和国有银行之间展开业务沟通开展跨境人民币的试点和推广工作。2011年中缅管道项目下的在缅运营的跨境人民币通道搭建完毕，创先在缅甸国有银行开立人民币账户，成功开展了大额跨境人民币业务的实际运作，配合缅方股东成功从中国国家开发银行获得投资项目所需的人民币贷款，开人民币入缅使用的先河。相关在缅人民币结算业务被中国石油天然气集团有限公司选为典型案例推荐到中国商务部组织的跨境人民币结算调研交流会上进行汇报分享。跨境人民币在中缅管道项目的引入和推广使用，为项目防范欧美经济制裁风险奠定了坚实的资金管理架构保障。

（三）法律风险应对措施及效果

1. 建立法律政策定期收集和分析评价机制

针对缅甸法律变动大、缺乏法律统一编纂和汇编的情况，中缅油气管道项目与律师事务所合作按步骤、分年度开展缅甸法律法规的收集汇编，对收集的法律进行加工分析利用，由此建立起自身的法律法规收集分析评价机制。

一是按年度进行缅甸法律法规的收集汇编和分析评价。每年年初制定工作计划，上半年收集汇编完成前一年度缅甸法律法规，通过收集整理识别，将涉及项目日常运营的法律法规纳入汇编。在收集年度法律法规的基础上，依据法律对项目的影响和与业务的关联度，对其进行评级定星，筛选出有直接影响的法律法规，翻译、分析和评价，汇总后再编辑成册，印发便携本，提供给东南亚管道公司各部门和管理层，同时对相关重点条款进行宣贯解读。

二是每季度收集缅甸法律法规和政策信息。对每季度关系项目运营的法律法规和政策变化进行收集，委托律所翻译为英文，再将英文版法律翻译为中文版，最后对其进行法律适用性分析，评价其对项目日常经营的影响，形成了定期收集评价机制。

三是实时收集分析法律法规。单行的政府命令、通知是缅甸法律的重要法源之一。这些临时性、不确定性、缺乏稳定性的命令或通知往往对企业具有更重要的强制遵守要求。其发布一般具有针对性，属于对社会领域发现的问题使用法律手段及时进行规范。在收集到关系公司生产经营的单行法律法规时会进行及时分析并评价，并将分析结果上报公司管理层或对接相关业务部门。

2. 推行强制性法律遵守与法律风险识别预警机制

东南亚管道公司多年以来研究建立了强制性法律法规遵守和合规风险分析评估预警机制。通过跟踪缅甸法律法规变化和监管动态，对收集的法律法规分析，结合公司生产经营实际，汇总成《强制性法律法规清单》，发给各部门进行对照自查自纠。相关部门对各业务领域遵守强制性法律法规情况进行确认并评价。以上评价内容将会汇总成半年、年度风险评价报告在公司总裁办公会上汇报，提醒各部门在业务操作中注意该风险，以便加强风险的管理、做好提前的应对措施。

3. 加强法律风险防控培训

东南亚管道公司每年组织法律风险防控及合规管理现场培训，内容包括缅甸投资经济环境、《公司法》《税法》、融资及外汇法规以及《劳动法》等公司需要强制遵守的事宜。同时，公司也不定期地开展各类线上法律培训、知识分享、文化宣传等，包括将规章制度、强制法律法规、员工守则纳入员工答题，在公司内网主页、员工微信群进行知识分享。通过各种形式的法律培训和文化建设，使员工理解和运用相关法律法规、规章制度、商业准则，并逐步将内外规定的要求转化为个人自觉的行为准则。

4. 携手多国律所

东南亚管道公司在香港、北京、仰光等地常年聘请律师事务所为中缅油气管道项目提供专职服务。公司部分合同的合同相对人来自中国，他们更倾向于选用中国法律，若发生纠纷会选择在北京中国国际经济贸易仲裁委员会进行仲裁。所以，项目在北京选择了一家国内知名、有一定的国际声誉的律所作为常年法律服务支持，同时依靠它在香港的分所负责提供在香港的公司注册年检、信息变更登记等公司秘书服务。中缅油气管道的生产运营地点公司在缅甸，因此在仰光选择了一家新加坡的国际律所和一家缅甸律所。国际律所能更好地为与欧美供应商相关的合同提供服务，缅甸律所能较好地提供当地法律相关的咨询和服务，同时协助开展公司在缅甸的相关注册登记等。

总之，通过以上法律风险应对措施的建立，员工法律合规和风险意识逐渐增强，法律风险防范机制的完整链条全面形成，中缅油气管道项目未发生一例纠纷案件、未发生重大安全生产事故、未发生合规风险事件。

第二节 人文风险与防范

（一）人文风险概况

缅甸是一个民族、宗教和文化均具有多样性的国家。缅甸共有8大族群，135个民族，部分少数民族的国家认同感不高；85%以上的国民信仰佛教，但基督教、伊斯兰教、印度教也在缅甸占有一席之地。西方非政府组织在缅甸境内非常活跃，对中资项目的环境影响评估、社会影响评估以及企业社会责任履行情况都极为关注。随着社交媒体的发展和民众意识的觉醒，普通民众容易受到大众传媒观念的影响。不同的文化习惯和生活方式，加之缅甸复杂的社会环境，使中缅油气管道项目面临一定的人文风险。

在日常生活中，需要时刻注意遵守当地的习俗。在从事商务活动时需注意，缅甸人认为在星期二做事必须做两次才能成功，所以不喜欢在星期二谈生意。此外，如果在缅甸经营企业，在泼水节、瓦梭月盈节、点灯节、德桑岱月盈节等重要节日，不仅要给员工安排放假，还应该给员工派发"红包"以示庆祝和慰问，这比升职加薪更能得到缅甸员工的拥戴和好感。

非政府组织在缅甸的活动历史久远，已经成为缅甸一支重要的社会力量。一些西方非政府组织和缅甸本土非政府组织会接受西方国家的资金支持，歪曲抹黑中国在缅投资项目，使缅甸国内部分民众滋生对中资项目的疑虑、疏离心理。在一些针对中资项目的罢工活动中，背后也有非政府组织在参与，甚至是策划。

（二）人文风险防范措施

1. 加强文化交流
中缅油气管道项目坚持把尊重所在国宗教信仰、风俗习惯作为员工行为规范，为

图11-1 员工欢庆元旦联欢会

促进中、缅文化融合创建交流平台。每年4月中旬，缅甸举国上下欢度隆重而热烈的泼水节时，中缅油气管道沿线马德岛、曼德勒、木姐等管理处驻地，缅籍员工穿着传统服装，与中方员工互相泼水祈福新年。每逢直桑岱点灯节、结夏节等缅甸重大节日，项目鼓励中方员工积极参与，亲身体验当地民俗风情。在春节、元宵节、中秋节等节日，也热情邀请本地员工一同参加庆祝活动（参见图11-1：员工欢庆元旦联欢会）。频繁的交流与互动逐步打破语言障碍、文化隔阂，让中方员工与身边的许多缅籍同事、当地居民成为好伙伴、好朋友。

2. 注重企地互动

中缅油气管道项目积极组织员工走访管道沿线政府、警局、社区、村庄，走进田间地头、寺庙、学校，为当地居民普及管道知识，发放管道宣传品，播放管道宣传片，增进民众对管道项目实情的认知与理解，建立了良好的企业-社区关系。

3. 提升员工认同感

中缅油气管道项目无论在建设期还是运营期，都有大量缅籍员工。项目定期组织缅籍青年、骨干员工参与交流座谈会，听取当地雇员对项目未来发展的意见和建议。其中，部分建议已得到采纳并逐步实施，进一步增强了员工对项目的认同感和归属感。

第三节　环境风险及防范

（一）环境风险概况

缅甸拥有良好的自然环境，林木、矿产、能源等资源非常丰富，生物多样性保持较好。随着经济和社会的发展，缅甸政府一方面大力吸引外来投资，另一方面也非常注重加强环境保护，力图实现经济与环境和谐发展。

1. 注重环境保护

缅甸对环境保护极为重视，并将其作为基本国策。2008年宪法明文规定，不仅"联邦政府必须保护自然环境"，而且"每个公民都有义务协助联邦政府进行环境保护"。《国家全面发展计划（2011—2030）》将环境保护融入发展计划的方方面面。2012年，缅甸通过了《环境保护法》，并依法成立了联邦环境保护委员会。2014年，缅甸颁布了《环境保护法实施细则》，并制定了环境质量标准和环境影响评估相关标准。2015年12月，在亚洲银行的技术援助下，世界银行、日本国际协力机构的专家协助缅甸政府制定并出台了《缅甸环境影响评估规则》。此外，缅甸还有各类涉及水、土、矿产、渔业、森林和生物多样性的法律法规，部分条款涉及环境保护。总而言之，缅甸形成了集宪法、基本法、专门法为一体的环境保护法律体系。

2. 关注环保问题

缅甸对环保问题极为敏感。尤其值得注意的是，缅甸的少数非政府组织和精英人士深受西方后工业化社会的环保理念影响，追求没有任何环境和资源代价的经济发展，对包括中国企业在内的外资企业奉行极为严苛的投资标准。

（二）环境风险防范措施

1. 优化线路设计施工

中缅油气管道项目从管道设计、征地、施工、管理等多环节，尽最大努力保护环境。设计阶段，科学规划管道线路，凡遇到佛塔、庙宇、学校、坟地、动植物保护区，管线一律避让，农田施工和海上作业都最大限度减少对环境的扰动。通过采用油气管道同沟敷设，优化设计同沟敷设段的管沟参数，有效减少土地使用面积1735公顷；通过优先选择地方乡村道路进场，减少伴行路占地886公顷；通过优选弃渣点，弃渣场数量比设计方案减少102处，弃渣场区减少103公顷。管道施工严控作业带范围，南塘河大峡谷两侧管线呈V形，为减少土地占用、植被破坏，作业带宽度由60m优化为40m。

2. 首创第三方环境监理机制

针对缅甸环保要求高、环保问题敏感的现状，中缅油气管道项目首创第三方环境监理机制。通过将环境监理设置为独立的监理机构，对油气管道全线工程施工过程中的环境保护进行监督检查，确保施工过程中对沿线生态环境、自然保护区、饮用水水源地等的保护，体现了对建设"绿色管道、环保工程"的高度重视。环境监理通过加强对施工现场环境敏感区域的监督控制，有效避免了环境污染和生态破坏事件。

中缅油气管道项目制定了《建设项目地貌恢复管理规定》等文件，规范环境保护管理程序，加强EPC承包商环保管理，将环保目标及措施要求列入EPC合同中。环境监理单位制定了《中缅油气管道（缅甸段）环境监理规划》及《环境监理实施细则》，在管线沿线开展现场巡检、环保专项检查，定期上报环境监理工作周报、月报。针对施工过程发现的问题，开具整改通知单并进行整改追踪，在建设过程中未发生环境污染事件。

3. 创新施工工艺

项目采用世界领先的机载激光雷达技术、海沟穿越技术，减少对地表、植被的扰动。管道经过的海沟两岸有珍贵的红树林，项目以定向钻穿越施工取代大开挖，将入土点和出土点全部选择在陆上，最大限度保护了红树林和海洋生态。在定向钻施工过程中，采用大型泥浆回收装置对泥浆进行回收利用，并对工程结束后的泥浆实施脱水掩埋处理，实现了泥浆零排放。通过水压试验采用分段倒水、增加过滤排放等措施，节约用水约35万m³。若开山段因地制宜地引入木桩地坎、竹篱笆护坡和人工播撒草籽恢复生态，既减少了浆砌石防护形式所需的石料，又保持了管道沿线的原生态。

第四节　市场环境分析及风险防范

（一）一般市场环境分析

近年来，缅甸政府对《投资法》及其实施细则、《税法》等一系列投资领域的法律法规进行了修订，致力于为外商营造良好的投资环境。缅甸的经济发展环境得到进一步的改善，并不断融入国际社会，但新冠疫情暴发以来，尤其是2021年军方接管政权后，缅甸的经济和投资环境再度恶化。

（二）产业环境分析

缅甸地处中国和印度之间的东南亚战略要地，拥有丰富的石油、天然气、水电、煤炭和可再生资源。多年来，天然气一直是缅甸最大的出口商品，同时也是其GDP增长的关键驱动力。缅甸的电力需求正在迅速增长，政府近年来提出了要在2030年实现缅甸国内100%电气化的宏伟目标。不断发展的经济，加上大规模的基础设施升级，表明缅甸已成为全球最有前途的能源市场之一。

缅甸的石油和天然气行业备受外资青睐。1988—2017年间，缅甸共获得772亿美元外国直接投资，其中石油和天然气行业占总投资额的29%。迄今为止，缅甸已有154

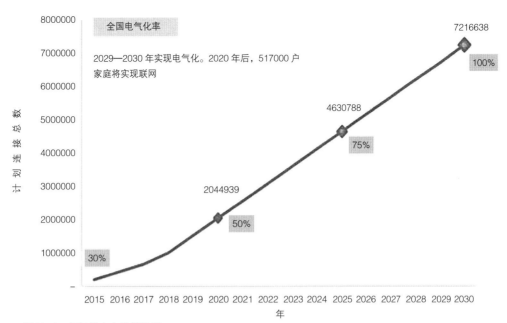

全国电气化率

2029—2030 年实现电气化。2020 年后，517000 户家庭将实现联网

7216638
100%

4630788
75%

2044939
50%

30%

计划连接总数

2015 2016 2017 2018 2019 2020 2021 2022 2023 2024 2025 2026 2027 2028 2029 2030
年

图11-2　缅甸的电力发展目标

个油气投资项目，总投资额达224亿美元。电力行业占外国直接投资总额的27%，共计14项投资，金额为201亿美元，其中大多数是大型水电项目。在下游领域，缅甸国内的燃料市场已经放开，许多国际品牌正在为进入缅甸市场做准备。缅甸国内公司正在不断改善基础设施和分销网络，并进军诸如LPG之类尚未开发的业务。

缅甸有非常宏大的电力发展蓝图和非常严峻的电力供给现实。缅甸政府于2014年出台了《国家电力发展规划》，计划到2030年将电力总装机容量提高到28784MW，实现全国通电的目标（参见图11-2：缅甸的电力发展目标）。为此，缅甸政府拟大力发展电力工业，提高电力供给能力和水平，水电、天然气和燃煤发电等传统电力以及开发风电、太阳能发电等新能源电力均在计划之列。

目前，缅甸全国的总装机容量约为5389MW，水电占比60%，其次是天然气发电。全国仅有44%的民众能够用上电，其余56%的民众仍然无法得到正常的电力供应。随着对外开放水平的提升和经济发展的提速，缅甸的电力需求正以每年约19%的速度增长。要填补高达50%以上的电力缺口，在2030年实现全国通电的宏愿，缅甸亟待提供电力供给能力，才能为民众提供可获得、可负担和可持续的电力。世界银行预测，缅甸需要每年高达20亿美元的投资，并高速实施电力项目才能解决迅速增长的电力需求。

总体上看，缅甸为本国能源发展设立了宏伟的目标，由政府主导的开放措施促使更多私营企业参与到缅甸的能源发展计划中来，并进而改变了缅甸的能源产业结构，全力实现在2030年100%电气化率的目标，这也可以看出缅甸政府对能源行业的重视程度。缅甸的2030年电气化目标也为中缅油气管道项目下一步的发展提供了参与空间。

（三）运营环境分析

中缅油气管道项目下属的东南亚天然气管道有限公司和东南亚原油管道有限公司在中国香港地区注册，但运营实体在缅甸的中方控股海外合资公司。股东涉及中、缅、韩、印四国六方，这也决定了该项目面临海外运营固有的金融风险和政治风险。美国对缅制裁一直没有实质性的取消，项目对两合资公司在缅甸境内外的资金业务一直按照敏感地区高风险防范的标准进行管理，具有较坚实的应对制裁架构基础和风险处置经验。自2021年2月1日以来，以美国为首的对缅制裁有愈演愈烈之势。同时，缅甸境内受疫情及政治冲突双重影响造成的社会安全及经济运行风险也日趋严重。中缅油气管道项目根据缅甸境内外可能出现的风险进行了事前分析预判，并采取了针对性措施解决各种突发情况，保障了中缅油气管道持续平稳运行。

1. 风险来源及面临问题

（1）国际对缅制裁造成的跨国运营国际结算风险

应对缅甸被制裁的核心是敏感物资限制及OFAC特别指定国民名单以及制裁名单上的经济实体与个人，也包括这些受制裁对象直接或者间接持有不低于50%的经济实体。因目前缅甸国家整体并未列入制裁名单，所以合资公司的缅方股东和在缅运营可能面临的风险主要是资金跨境结算中的涉缅美元结算在SWIFT系统里面的全球过滤筛查冻结风险。此外，还存在国际或缅甸敌对势力通过网络攻击，可能造成我方业务的营业中断、系统受损和信息泄漏等风险。

（2）缅甸境内金融秩序紊乱造成的在缅运营风险

2021年2月至3月，缅甸国内政治运动引起了银行停业、职员罢工；4月陆续恢复银行营业后出现了提现挤兑狂潮，银行出现全面纸币短缺无钱可供的局面；缅币兑美元汇率在政治恐慌和黑市操纵的双重重压下一路走低。在缅央行抛售了6000万美元后，市场有所抑制，汇率小幅回升。缅甸国内市场受上述影响出现商业信用危机，大部分交易包括政府收费均要求现金结算，进一步增加了缅甸流通实体货币的压力。

2. 应对措施

（1）规避跨国运营国际结算风险的防范措施

首先，对缅股东收支方面，合资公司提前调研对缅股东的结算通道，通过与缅甸股东和银行方面的多方协调沟通，确保对缅股东分配款的安全支付（该收款路径可保证公司能够通过同行转账的形式完成对缅分配）。与银行方面及缅方股东建立业务提前沟通机制，通过电话、邮件、信函等方式协商交易时点，全程跟踪每一笔涉及缅方股东的收付款。

其次，日常对缅资金划拨结算上，严格划分缅甸境内外结算业务。对于缅甸境内外均可以完成结算的业务，优选通过缅甸境内路径完成结算。对于必须开展的跨境结算业务实行严格的逐级审批流程，并严格执行敏感地区结算的保密要求，由中方资金管理员专人操作，并由部门负责人和公司管理层双重授权把关，严格控制相关业务的执行和参与范围。

第三，2021年2月1日后设计新的安全账户架构，开辟新的对缅结算备用通道，提前预防极端情况下现有两条对缅结算通道暴露并受到冻结，开辟继续保持在缅运营所需对缅资金汇入的第三通道。

第四，控制相关公司业务信息的对外披露。严格控制公司在缅业务的对外宣传和信息披露。通过公司公共关系部的舆情监控和业务银行的风险监控信息系统，第一时间发现各类媒体网络可能出现的公司涉缅报道。规避公司因涉缅报道引起的国际制裁关注和受反华势力煽动的当地民众抵制攻击。

（2）规避缅甸境内金融秩序紊乱造成运营风险的措施

首先，确保结算渠道通畅。通过协调银行持续提供网银服务，实现银行停业期间的正常资金收付业务。自2021年2月1日以来，缅甸境内银行均停止了现场办公，通过与华侨银行仰光分行的积极协调沟通，确保了公司在该行的网银业务的正常开展，缅甸境内银行转账结算渠道通畅。

其次，防控汇率波动风险。两合资公司记账本位币为美元，通过匹配收支币种，细化资金使用计划，严格控制缅币持有量的手段，有效控制公司的汇率风险。针对大金额的缅币兑换业务，公司进行多方比价寻求最优汇率后再进行兑换业务，从而规避目前缅币汇率波动带来的资金风险。

第三，化解现金短缺金融环境恶化风险。随着缅甸金融环境的进一步恶化，缅甸境内银行信用不断下滑，各地区均出现现金挤兑的情况，这也导致缅甸各银行现金储备量的大幅减少，公司每周的银行提现额度不断削减，而公司大部分供应商（包括政府部门）均要求现金结算，公司可使用的现金非常紧张。鉴于此，公司通过前期与银行建立的良好关系，第一时间获取缅甸最新金融监管信息，多方协调缅甸国有银行及外资银行的现金业务办理渠道，并加大与当地供货商的协调谈判力度，保持主要结算方式仍为银行转账结算。

第四，根据缅甸社情变化及时调增预算。定时更新汇总各驻地站点应急备用金的余额情况，对未来可能出现的极端撤离或其他危机情况设立专项应急现金储备，保障安保经费专项资金需求，做到未雨绸缪。

（四）价值投资导向的市场环境分析与风险防范

1. 资本配置结构分析

在中缅油气管道项目合作中，合作方提出了五种资本结构配置方案以供各个投资方参考和分析，即权益投资、可赎回权益投资、可赎回优先股投资和债权投资及混合权益投资。一般而言，优先股和可赎回股份都是作为股东权益的一种存在方式，投资方各国的法律法规也并没有对可赎回股份或者普通股和优先股投资有任何的限制。因此，是否采用优先股或可赎回股并不影响对资本配置结构的分析。换而言之，上述五种资本结构配置，就其实质来说，可以归纳为单一股权投资、单一债券投资和股权债权投资相结合三种形式。

因此，合作方提出的五种资本结构配置的方案对于各国投资者而言，可以仅看作是股权和债券投资的区别，即股权是普通股还是优先股。权益是否可以提前赎回只是商业上的考量，而没有税收上的优劣区别。从税收的角度考察，并不会因为是否有可赎回股份或优先股股份的安排而对各国投资者的投资行为产生影响。

从税收的角度看，股权投资和债券投资的区别在于被投资国当地是否有债券投资额度的限制，以及投资以股息红利方式收回还是利息收入方式收回的情况下所带来的整体税负影响。从商业的角度考虑，采用一种成本最低的融资方式自然是首选。对融资成本的计量和考虑将会根据项目的不同而存在差异。从国际上的经验来看，杠杆融资很常见，杠杆融资方式并不一定会增加融资成本。有时合理利用融资产生的利息费用可以在税前扣除的特点，降低投资方的整体税收负担。因此，合理的股权与债券混合投资方式有时候反而是投资的优化配置。但是，具体每个股东需要分别投入多少债权和股权，需要视项目而定。

2. 具体算法

项目以现金流收益为前提考量对投资方的资本配置做了分析。最佳资本配置应满足两方面的需求，即保证合资公司未来现金流的折现值（NPV）最大化及潜在风险可控。

数据基础	项目内部收益率：固定值
	免税期：36 个月
	未来现金流 = 现金收入 – 现金支出 – 所得税
	折旧期：8 年
	折旧方法：直线法
	净残值：0
数据假设	贷款期间：20 年
	利息支出按权责发生制进行计提
	第一次贷款利息将于贷款开始后的第九年底开始支付，本金将于第五年开始支付，于第20 年完成本金偿还
	将于建设期完成贷款本金的筹提款事宜
	贷款利率为 ××%

由于贷款利息对未来所得税具有显著的影响，通过运算发现，随着权益债务比的持续降低（即贷款本金持续增高），NPV呈持续上升态势（参见表11-1：资本配置结构模拟表）。此外，模拟运算也考虑了其他突发的风险及关键因素，如贷款利息无法抵扣的情况、缅甸分公司的注册时长、缅甸政府及股东就股东贷款协议的批复时长等。为达到合资公司未来现金流现值最大化的目的并确保风险可控，项目向各股东提出了权益债务比和贷款利率的建议，在此基础上进行合资公司资金结构的架设。

项目自天然气管道进入建设期后，按照预定计划进行了筹提款工作，款项的及时到账确保了工程建设的按期完工。项目于2013年7月进入试运营期，于2013年12月1日正式进入运营期。根据股东贷款协议约定，公司应于运营期后一年开始向股东进行贷款本金及利息的支付。自2014年12月开始，截至2021年3月，天然气公司已按期完成历次股东贷款本金及利息还款，并进行了分红及返还出资款的现金分配工作，极大保障了股东利益。

（五）合资公司注册地比选

中缅油气管道项目由中缅印韩的四国六方股东共同出资建设，六方股东有意愿将合资企业作为一家在合资企业设立地点仅进行最低限度运作的公司来经营。在兼顾投资各方利益的前提下，从税收方面、合资企业设立流程及要求、资金运作、法规角度等方面对潜在设立地点香港地区及新加坡进行比较，最终选出能实现股东利益最大化的合资企业注册地。

1. 税收环境分析

根据缅甸企业所得税法的规定，在缅甸成立的公司，无论是独资公司、合资公司还是没有任何外资参股的缅甸国内公司，都是缅甸的居民纳税人。缅甸的居民纳税人对全球收入纳税，即无论其收入来源于缅甸与否，都需要就产生的利润缴纳企业所得税。缅甸的居民纳税人使用30%的企业所得税。虽然有上述规定，外国公司在缅甸设立的分公司不是居民纳税人，原因在于其管理职能位于海外，也就是其位于缅甸境外的母公司。

缅甸相关法规还规定，如果是一家设立于缅甸境外的公司，其在缅甸有经营活动，同时其经营活动受到缅甸外商投资法的管辖。那么，该境外公司需要就其来源于缅甸境内的所得缴纳所得税。如果这家外国公司在缅甸根据缅甸外商投资法注册成立一家分公司，那么其分公司也将就其来源于缅甸境内的所得缴纳所得税。

因此，无论合资企业被设立在中国香港地区还是新加坡，如果要在缅甸运营管道项目，都必须受到缅甸外商投资法的管辖。因此，合资企业需要就其来源于缅甸境内的所得，即管道运营的利润，缴纳缅甸企业所得税。由于分公司可以作为成本中心运作，并且不会产生收入，所以分公司本身不用缴纳任何缅甸税。同时，分公司的费用成本可以在合资企业层面进行合并，即作为合资企业成本费用的一部分，计算合资企业利润。

2. 合资企业所在国或地区税务分析

无论投资者选择在中国香港地区还是新加坡设立合资企业，合资企业在缅甸都将作为缅甸的居民纳税人就其在缅甸产生的天然气管道运营收入在缅甸缴纳企业所得税。相反，合资企业在缅甸成立的分公司将只作为运营渠道而免于征税。

从各投资国国内税法规定及其与中国香港地区或者新加坡签订的双边税收协定来看，如果来自缅甸的经营利润不能在中国香港地区和新加坡免征收企业所得税，那么无论选择在中国香港地区还是新加坡设立合资企业，各投资人取得的利息、股息、减资和资本利得而产生的税负都是一样的。但是，如果来自缅甸的经营利润能够在中国香港地区和新加坡免于征收企业所得税，那么从现金流的角度来看，能直接争取到免予征税或者免税，对投资各方都是最有利的结果。因此，选择一个相对比较容易争取到免予征税或免税的地点来设立合资企业，是最理想的选择，可以有效降低投资方的税务成本。

中国香港地区的税收制度为属地征收，即凡是来源于中国香港地区外的收入，都可以获得免予征收企业所得税的待遇。也就是说，只要能证明缅甸项目的收入是来源于中国香港地区外的收入，合资企业无需满足其他条件，就可向中国香港地区税务机关申报缅甸的收入为免税收入，即使收入被汇到中国香港地区的账户，也不影响其免税地位。如果合资企业将注册地设置在中国香港地区，根据分析，合资企业在缅甸运营天然气管道所产生的所得将被判定为是来源于中国香港地区外的收入而免于被征收中国香港地区企业所得税，从现金流的角度来看更有利于投资者早日收回投资。

在新加坡税法框架下，豁免缅甸收入的途径有三条：①合资企业必须是新加坡居民纳税人且同时满足其他五项条件；②合资企业是新加坡居民但无法满足其他五项条件，那么可以在符合特定条件下向新加坡政府申请特殊税收减免；③如果合资企业不能满足成为新加坡居民纳税人的条件，则产生于缅甸的利润不可汇回或视同被汇回新加坡。

首先，成为新加坡居民纳税人并非易事。新加坡的税法并不看重公司的注册地，而只是关注公司的实际管理机构的所在地。在没有明文规定的情况下，一般来说，公司的董事会被认为是公司的实际管理机构，董事们讨论公司议题或作出战略性决策的地点被认为该公司的居民所在地。但是，在某些情况下，其他的公司或者某个有特殊影响力的个人都会被认定为公司实际管理机构，比如母公司和某重要股东。这时候，判断该公司是哪里的居民企业将取决于这些特殊公司实际管理机构的所在地。鉴于合资企业的各股东都希望合资企业作为在合资企业设立地点仅进行最低限度职能运作的公司进行运作，同时，做出重要经营决策的公司的董事会也没有被要求一定要在新加坡召开，那么合资企业的实际管理机构一般将不会被认定为在新加坡。换而言之，合资企业即使注册在新加坡，由于其实际管理机构不在新加坡，合资企业将不会被认定为新加坡居民纳税人，因此通过上述途径一和途径二达到豁免征税的情况将无法实现。采用第三条途径时，必须把在缅甸产生的利润留在新加坡境外或视同留在境外。但从经营的角度来看，若缅甸的经营利润无法汇回新加坡，将会对公司的日常经营和日后或有的资本运作增添一定的难度。

因此，若合资企业在新加坡无法申请到税收的豁免，就需要通过税收抵免的方式来消除双重征税的影响，这会使合资企业设立在新加坡在现金流的管理和运用上，相比较合资企业设立于中国香港地区的情况下，产生额外的管理负担和成本。同时，在合资企业将来可能产生债务的情况下（天然气公司初始资本架构为权益债务比30：70），中国香港地区在利息的预提所得税上的税收政策对各投资方都更加有利。中国香港地区对境外企业的利息收入免征预提所得税，而新加坡对股东利息收入征收税率不等的预提所得税。同理，虽然各投资国都可以利用双边税收协定或者国内税法的规定最终抵免在新加坡缴纳的预提所得税，但从现金流的角度上看，采用税收抵免的方式不如直接免征对现金流的操作更为有利。综上，从税收环境方面来评估，将注册地设立在中国香港地区明显比设立在新加坡更具优势。

3. 合资企业设立流程及要求分析与比较

（1）设立时限

在中国香港地区设立合资企业需要10～20工作日进行审批；在新加坡设立合资企业大约需要一周的审批时间。但公司设立时间长短的决定因素不在审批机关需要的时间，而是取决于申请设立人准备资料所需时间的长短，因此在设立时限这个方面两地均没有特别优势可言。

（2）注册地址要求

在中国香港地区注册合资企业需要有实际地址；在新加坡注册需有实际地址且该注册地址必须在每个工作日的正常工作时间内有不少于3小时的公开办公时间。在注册地址方面，中国香港地区略有优势。

（3）董事及秘书要求

在中国香港地区注册合资企业，董事会和秘书的最低人数要求为1人，无居民纳税人要求；新加坡合资企业则要求必须有1名董事和1名秘书为新加坡居民纳税人。在董事及秘书要求方面由于对合资企业董事的国籍没有要求，中国香港地区比新加坡更具优势。

（4）资金环境

在中国香港地区和新加坡都没有外汇管制，因此从这一方面来讲将合资企业设立在任何一方都不会对投资者的决策产生影响。

（5）法规环境

从法律环境看，中国香港地区和新加坡对于境内及境外投资都没有特别的限制。因此法律环境不会对合资企业的地点选择产生影响。

在兼顾投资各方利益的前提下，通过比较中国香港地区和新加坡在税收方面、合资企业设立流程及要求、资金运作、法规制度等方面的优劣势，研究认为合资企业设立在中国香港地区更有优势。上述研究成果得到了各投资方的认可，为尽快推动合资企业的设立奠定了基础。

（六）风险预防性前期项目管理设计

1. 汇率风险管理

缅甸长期受到欧美国家制裁，经济积弊太多，从金融、外汇到财政，缅甸政府尚未形成系统改革蓝图和有效的管理机制。特别是在汇率管理方面，由于缅甸央行无法管理全国的外汇储备，导致了缅甸央行无法在汇率波动剧烈时干预汇市，在缅的外资企业承受的汇率风险较大。中缅油气管道项目从自身情况出发，通过前期协议约定，建立资金管理制度及加强资金管控等方式，有效地防控了合资公司汇率风险，维护了股东利益。

（1）汇率波动风险巨大

缅甸长期以来一直存在"汇率双轨制"，官方汇率与市场汇率差距巨大（2012年4月以前官方汇率通常在1美元兑换6~8.5缅币，然而黑市美元汇价通常高达1美元兑换800多缅币）。汇率双轨制不仅给缅甸经济带来了严重的负面影响，而且给外资企业在缅投资运营造成了极大的困难。2012年4月以来，缅甸政府加强了外汇管制，采用了基于市场情况并加以调控的美元兑换缅币的浮动汇率制度。尽管缅甸政府推动汇率改革的意愿明确，但由于缅甸央行对全国外汇储备的管控不足，缅币兑美元汇率仍旧存在大幅波动的情况。民盟政府上台后，缅币兑换美元的持续贬值趋势仍然没有得到改善。在近3年时间内，缅币兑美元价格出现大幅贬值，贬值达32.7%［参见图11-3：美元兑换缅币趋势图（2015年~2019年）］。

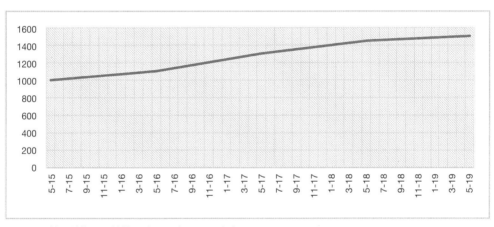

图11-3　美元兑换缅币趋势图（2015年~2019年）

（2）相关规避措施

一是形成协议条款架构。考虑到外汇波动的双向性，为规避相关汇率风险，合资公司在前期协议谈判中规定以美元作为计价及结算币种；在前期资金筹措中，尽量保持企业从筹资到投资全程使用同一币种，避免出现人为的外汇风险敞口；对于公司的日常付款业务，除少量费用支付外，大部分合同为美元计价，以美元支付或以付款行当日汇率折合其他币种支付。坚持该合同条款可以最大限度控制汇率风险在合资公司的发生。

二是建立资金管理制度，及时监控汇率波动情况。针对缅甸汇率波动的频繁性，公司在设立初期就将资金运作的基本操作流程、管理原则及授权控制环节规范化、制度化，并建立了明确的资金计划制度，按需兑换缅币，严格控制合资公司缅币持有量。公司财务部工作人员定期监控汇率变化，一旦波动较大，及时向管理层汇报并采取相关措施应对汇率风险。

三是加强资金管控，使资金综合成本最低。在进行美元缅币兑换前掌握第一手汇率动态消息，进一步减少兑换成本。公司结合原有的资金持有期规划，与主要资金池所在银行中国银行香港分行协商签订最优资金存款计划，使汇率风险管理及资金风险管理综合成本最低。

四是通过代购、代付、代运降低项目运作风险。严格按照总体计划核实承包商的履约能力，对明显落后于总体计划且明显制约项目总体进度的标段，东南亚管道公司与承包商、第三方协商、协定，通过代购、代付、代运提高项目执行力，降低项目运作风险。由于缅甸社会依托条件落后，部分承包商从中国境内采购部分设备、物资，由于承包商的合同履约能力不足，导致第三方履约迟滞，严重影响了项目的总体进度。东南亚管道公司及时决策，并且利用整体组织优势充分挖掘境内外资源优势，对潜在影响项目整体进展的设备物资开展代购、代运，由于决策得当、措施有效，项目进度没有受到影响。另外，公司依托既有快捷高效的合法资金通道，通过授权、签署三方协议等方式，及时代承包商支付第三方款项共计45次，合计936万美元，由于第三方直接获得进度款项，极大提高了合约执行力，保证了项目总体进度。由于充分考虑到各种风险，代付款全部从相应EPC合同价中扣除，既保证了第三方的效率，又避免了总包商的诉讼及索赔给项目带来的不利。

2. 搭建合资公司结算体系

中缅油气管道项目的管理难度在于如何在美国金融制裁的客观环境下，保证资金的正常运转和安全。项目财务部通过在缅甸实地走访调研，分析研究当地金融政策等方式，对缅甸的整体金融形势有了深刻的理解，并从企业资金管理的五个基本环节来评估风险并制定相应的控制措施。

一是聚焦当地金融市场情况及资金渠道开展前期调研。项目在现场考察及可行性研究阶段就安排相关财务管理人员参与工作，以便借助其专业经验和职业判断获取有效信息并结合受制裁地区实际情况设计企业在该地区的财务运行模式。从架构上避免日后的资金运营风险，公司注册名称避免出现缅甸字样；选择新加坡作为对缅结算离岸银行所在地；与多家银行保持密切联系，随时监控制裁风险。

二是针对涉及缅甸资金操作建立相应账户体系并确定结算方案。基于实地调研结果和后期的可行性分析，项目对缅甸的资金运营风险进行评估，按照以离岸账户为主（中国香港地区、新加坡、中国内地），境内账户为辅（缅甸），外部金融机构为主、内部金融机构为辅的原则搭建了合资公司结算体系。最大限度保证方案优组结合，兼顾优先考虑内部金融机构。

通过模拟实际业务操作需要，确定该地区业务资金操作中心和主账户所在地点为曼德勒，确定主结算通道美元入缅途径并设计备用结算通道人民币入缅途径。为保证资金流转的安全，缅甸地区的资金结算是通过一组不同银行的不同账户通过各种形式的串联或并联方式进行，再加上备用通道的设计，整个体系需要一系列账户组成。根据具体的美元和人民币投资，以及美元回收计划，对合资公司结算方案进行币种及通道的匹配。

三是保证涉缅地区资金运行测试。一般企业的资金运行不会强调测试环节，但对于敏感地区，企业资金运行测试则是必不可少的环节。在测试前，各项资金管理工作限于企业与银行或其他境内机构之间。一旦进入测试，企业信息将通过银行的公共结算系统，有可能引发受制裁风险。项目完成了全通道测试，包括企业与银行间、银行内部、银行与代理行之间的业务测试，公司了解了该结算体系的真实运行时间和运行效果，制定整改措施，为日常资金操作流程的建立提供了依据。

四是建立日常资金管理制度并配备专业管理人员。通常情况下，敏感地区的资金运作具有高风险性、特殊性，所以需要在运行之初就将基本操作流程、管理原则、授权控制环节规范化、制度化。合资公司一进入缅甸就结合集团公司敏感地区结算的相关管理要求，制定了两个合资公司的《资金授权管理流程》《银行账户管理流程》《受益人保函管理流程》《股东筹款管理流程》《股东贷款提款管理流程》等一系列资金运用的规范性管理流程。选取高素质人才负责资金管理岗，具体执行资金在该地区的运作，由业务主管领导牵头成立专门的资金管理小组对重要资金问题进行及时分析讨论并研究解决方案。

五是注重企业资金管理风险的监督及信息更新。正式开始在缅甸地区的运营后，合资公司财务部指定专人监测关键资金状态并将分析结果报送财务经理、总会计师。根据变化及时调整账户体系设计并优化结算方案，同时对可能出现的极端情况编制资金应急预案。

3. 摸索预算管理模式与数字化转型

中缅油气管道项目的预算管理前期挑战主要体现在缅甸当地可供参考的预算定额、

市场价格等数据较少，项目必须从零基预算开始编制，并逐年在控制和分析中渐渐细化摸索；中期面临的问题主要为如何协调缅甸合资公司预算与中方预算之间，两套核算体系、两套财务区间的相互制约及影响；之后项目预算管理将着眼于预算以及财务其余业务的数字化、信息化升级转型。

一是预算编制及预算定额的细化摸索。在项目运营初期，因缅甸当地可供参考的中方或管道相关项目信息不足，项目财务部在管输费模型中经营性付现成本的硬性制约的框架下，积极收集参考国内相关管道行业定额标准，结合各运营中心生产一线反馈的意见和建议，初步建立了适合本项目实际情况的预算编制原则和定额，年单位管输成本环比稳中有降。

二是在面对缅甸财年与中方财年期间不匹配以及存在部分会计政策差异的情况下，项目财务部分别就两种会计政策下的账务执行数据有序开展月度财务数据分析及月度、年度利润预测工作，结合公司相关指标要求，及时跟踪项目指标完成情况，对异常变动施加有效控制，保障了合资公司及中方绩效考核利润指标每年足额完成。同时，项目积极响应集团公司、海外板块和中油国际管道有限公司开展的提质增效专项行动，认真落实集团公司和海外油气业务发展决策部署，聚焦优化增效、降本增效和经营增效，树立"一切成本皆可降"理念，扎实推进提质增效专项行动。以预算管控为抓手，分层级落实中方管理思路，坚决贯彻提质增效要求。

三是着眼未来财务数字化转型。将繁杂的实体财务资料转为数字化信息，逐步采集、统计、梳理、分析，为决策层提供高效、丰富、详实的经营方案，甚至以算法决定企业日常经营微调，是财务数字化美好的远景目标。随着公司业务的开展，项目财务部逐步搭建了账务系统、网上报销系统、预算管理系统、资金管理系统、财务信息分享中心等信息化平台，并与公司其余合同管理系统、库管信息系统、公文系统实现互联互通。充分发挥数字化财务平台的高效性、准确性，时时跟踪预算执行情况，为公司管理提供财务数据支持。根据中方股东的两金严控指标，每月监控油气公司存货出入库数据变化情况，按月统计更新数据，比对指标，找到实际完成值与指标之间的差距。根据生产经营成果、投资完成情况或其他重要财务指标编制专项财务分析报告、提出合理化管理建议，为公司领导提供决策依据，为其他业务部门的专业分析提供可靠的基础数据支持。

（七）社会安全局势及对投资的影响

总体而言，缅甸社会环境比较祥和，社会秩序和治安较好，但缅甸存在着较为复杂的民族矛盾和地区分裂势力。中缅油气管道项目建设期，缅甸正处于政治转型期，政府军与部分少数民族地方武装冲突时有发生；管道途经的若开邦民族冲突形势一度恶化，给项目建设带来一定程度的负面影响。

为杜绝因社会安全管理原因造成人员伤害、绑架甚至死亡等事件，结合自身业务实际，中缅油气管道项目编制了社会安全管理体系，系统地描述了体系的主要管理要素及其相互关系，详细地描述了社会安全管理活动的程序、标准、检测与评审，以及持续改进等方面的具体要求，为管道顺利建设运行保驾护航。

项目在施工过程全面实施QHSE管理，实现了"零事故、零污染、零伤害"的总体目标。特别在缅北发生军事武装冲突时，项目严格落实安保防恐措施，及时完成了冲突区线路施工，保证了工程建设期未发生社会安全事故。

第五节　征地工作启示

（一）注重文化融合

作为"一带一路"倡议在缅实施的先导项目，中缅油气管道在带动区域能源经济效应的同时，肩负着探索中资企业海外"软实力"建设与巩固加深中缅友谊的光荣使命。中缅油气管道项目立足本土化，用"民心相通"铺就"胞波"友谊金桥。

"国之交在于民相亲，民相亲在于心相通"。中缅油气管道将民心相通和文化融合贯穿于项目始终，并在征地工作中落到实处。项目日常就非常注重深入了解缅甸的文化和各类习俗，与缅籍员工谈心谈话，开展各类中缅员工交流的活动，真正做到促进中缅文化融合。在征地过程中，项目工作人员走村入户，了解被征地民众的生活状况和需求；积极做好项目宣传，让被征地民众了解到项目建成后给当地带来的好处；在项目建设过程中，大量雇用当地民众，为被征地百姓提供就业机会；投入大量资金开展社区发展服务项目，改善管道沿线民众的生活环境和生活水平。通过踏实、细致的工作，使民众自发支持中缅油气管道项目建设，为中缅油气管道长治久安提供保障。

（二）征地赔偿启示

中缅油气管道项目在缅征地时也碰到了各种各样的困难，在解决这些困难的过程中，得到了一些有益的启示，可供将来借鉴。

1. 深入解读当地法律法规

缅甸是个法律相对不健全的国家，老《土地法》开始于1953年，沿用了近60年，才颁布了新《土地法》。中缅油气管道项目征地时，部分地区的相关条例细则还仍未公布，随时都面临着来自各种势力以及媒体和舆论的压力。为避免陷入被动，需要密切关注并及时学习缅甸联邦土地法律法规和相关土地政策的变化，确保在征地环节上，有效规避不懂当地法规带来的潜在风险。

2. 合理确定征地补偿标准

中缅油气管道项目在征地过程中，将土地补偿费、青苗赔偿费等赔偿项目的标准参照当地市场价格，充分体现"公平、公正、公开"原则，达到了既合理控制成本，又让当地政府及村民满意的双赢目标。

3. 规范征地程序

中缅油气管道项目开展征地工作前，事先与当地政府商讨，在缅甸联邦土地法的框架范围内，确定了规范化的征地程序，使得征地工作"有法可依"。在具体操作过程中，做到"执法必严"，确保了征地工作的有效推进。

4. 分阶段支付赔偿款

在缅甸的征地周期，正常在8～14个月时间。鉴于中缅油气管道项目工期紧、意义大，为保证项目顺利推进，同时避免发生未开展赔付就占用土地的情况，项目与缅甸国家油气公司协商制定了"先赔付50%，后进场施工"的政策。在缅甸实际征地过程中，这条策略起到了很好的作用。需要注意的是，不仅要在与土地所有者签署的相关协议中明确该条款，并且在政府、各方代表召开座谈会时，需再次郑重申明该条款，以避免土地所有者不了解实际情况，造成不必要的麻烦。

5. 特殊情况特殊处理

在缅甸开展过征地过程中有时会出现个别土地所有者不接受由政府及各方代表确定的赔偿标准的情况。他们漫天开价或者以其他各种理由拒收赔偿金，阻碍正常的征地工作。遇到此类情况，征地企业可以将原定赔偿金先存入当地法院，待法院对此事做出最终判决后，再由征地企业补齐所有赔偿金。这样既不影响征地企业的工作进度，又可以较好地保护原有土地所有人和相关权益各方的利益。

此种处理方式在其他国家的法律条款中也有所提及。例如，新加坡法律规定，如果当事人不接受地税征收官员对于补偿金额的决定，地税征收官可以单方面向最高法院发出申请，由最高法院先将这笔补偿费存放在银行。因此，将来的投资项目涉及征地时，也可以与缅甸相关政府部门提前协商，明确这样的处理方式。

6. 明确土地权属

由于缅甸法律法规的不健全，农民普法意识不强，很多耕种土地的农民并没有去缅甸相应的土地管理部门申请合法的土地使用权证书。根据缅甸相关法律，没有土地使用权证书则被视为这块土地归国家所有，而非农民所有，征用土地的企业无需对农民支付土地补偿款，只需支付青苗赔付款。遇到这类情况，首先要保证农民的合法利益，如果他们在此类土地上种植了农作物，必须对其进行青苗赔偿；但同时企业也要维护自己的合法权益，在明确了土地耕种者没有合法土地使用权证书时，请政府土地部门据理出面协调，才能既有效防止企业财产的流失，又保证不与当地百姓发生冲突。

第四篇

合作共赢与展望

中缅油气管道项目已成为"一带一路"倡议和"中缅经济走廊"建设的先导示范项目，是中缅两国友谊桥梁和经贸合作的典范。缅甸天然气及石油市场前景广阔，中缅油气管道未来可期，将为中缅命运共同体建设做出更大贡献。

The Myanmar-China Oil and Gas Pipelines has become a pilot demonstration project for the Belt and Road Initiative and the China-Myanmar Economic Corridor. It is a model of friendship and cooperation between China and Myanmar. With Myanmar's broad gas and oil market, the Myanmar-China Oil and Gas Pipelines will make greater contribution to the construction of a China-Myanmar Community with Shared Future.

202-217

Part IV
Win-win Cooperation and Prospects

第十二章 缅甸天然气新市场及合作前景

Chapter 12 Myanmar's New Nautral Gas Market

第一节 缅甸天然气市场现状

近年来缅甸社会经济发展提速，2015—2019年GDP平均增长率超过了5.4%，远远高于同期全球GDP（2.83%）的平均增长率。经济的高速发展意味着能源需求的迅速增长，特别是对石油天然气需求的增长。根据美国能源信息署（EIA）公布的数据，缅甸的天然气消费量从2013年的36亿m^3增长到2018年的47亿m^3，年均增长率超过5.9%。根据缅甸电力和能源部公布的数据，缅甸电力需求以15%的速度逐年递增。2018年缅甸电力总装机容量为5642MW，其中水电3255MW（占57.7%），天然气发电1881MW（占33.3%），火电414MW（占7.3%），柴油发电92MW（占1.6%）。到2019年12月12日，缅甸电力供应才基本覆盖到全国50%左右的家庭，缺口依然较大。尽管缅甸水电装机容量占比高，但现有的水电站大多为径流电站，电站自身调节能力差，丰水期大量弃水，枯水期出电不足，"丰枯"出电悬殊（伊洛瓦底江丰水期与枯水期的水位差高达10~11m），导致不能在真正需要用电的季节提供足够的水电。

缅甸水电资源主要分布在东部、北部和西北部，用电负荷中心在中南部的仰光、内比都和曼德勒，资源密集区和负荷中心明显不匹配。由于缅甸的国家电网相对落后，尚未形成统一的全国电网，缺少远距离送电条件，水电资源进入负荷中心的比例并不高，所以燃气电站发展比较快。特别是中缅天然气管道建成后，管道沿线燃气发电厂相继投产，彰显了天然气发电的优势。截至2019年9月，缅甸燃气电站装机容量就已经达到了2254MW，一年的时间增加了373MW，天然气在发电能源结构中的占比从33%增长到了39.3%。

（一）仰光天然气供给面临缺口

仰光是缅甸最大的城市，根据2014年的人口统计数据，仰光大约有520万居民。这座位于伊洛瓦底江三角洲的城市，自从在英国殖民统治下被指定为缅甸的首都以来，就一直享有重要的经济中心地位。即使缅甸在2005年将首都迁往内比都，这座城市仍然是缅甸的经济和金融中心。仰光有14个经济特区，其中大部分都有轻工业，如食品加工业和服装业。迪洛瓦经济特区位于仰光南部，是该市最大的经济区，容纳了许多制造企业，如食品厂、钢铁厂和摩托车组装厂。仰光是缅甸GDP增长速度最快的城市，也是天然气消费量增加最快的城市。根据2017年的统计数据，仰光天然气消费23.3亿m³，占全国天然气消费（46.9亿m³）的49.7%。仰光目前的天然气主要来自海上耶德纳气田（每年约21亿m³），其余的来自海上藻迪卡气田。

耶德纳气田是缅甸最大的气田，法国道达尔公司是该项目的运营商，持有31.2%的股份，其余股份由合作伙伴持有。该气田于1998年开始投入生产，每年生产约90亿m³天然气，其中80%通过缅泰管线输往泰国，20%通过海底管道输往仰光。根据世界银行2016年发布的《对缅甸国内市场天然气经济成本的初步评估》报告预测，该气田预计2021年将进入开发的衰减期，开始减产，2026年将完全枯竭。

藻迪卡气田是缅甸第三大气田，泰国国家石油公司是该项目的运营商，持有80%的股份。该气田2013年开始投入生产，每年生产约30亿m³天然气，其中80%通过缅泰管线输往泰国，20%输往仰光。根据世界银行2016年的报告预测，该气田预计2023年将进入开发的衰减期，开始减产，2026年将完全枯竭。

按照仰光现有天然气消耗增长及其发展趋势看，它的天然气供应将从2023年开始出现缺口。如果没有新的资源补充，2026年仰光将没有天然气可用。

（二）曼德勒和中缅天然气管道沿线工业用户需求潜力巨大

曼德勒是缅甸的第二大城市，位于伊洛瓦底江东岸的曼兰达莱，是缅甸中北部的经济中心。曼德勒地区有620万居民，其中有110万市区居民。曼德勒位于中缅贸易路线上，多年来，曼德勒一直是与中国贸易合作的一个重要中心。在"一带一路"倡议的支持下，曼德勒来自中国的投资在过去几年中显著增长。随着与中国贸易的增长，该地区经济总量将继续扩大，对能源的需求也将进一步增加。根据2017年的统计数据，曼德勒天然气消费6.5亿m³，占全国总消费量的13.9%。

中缅天然气管道途经曼德勒，曼德勒的天然气均来自中缅天然气管道，来自缅甸孟加拉湾若开海域的"税气田"。韩国浦项制铁公司是"税气田"项目的运营商，持有51%的股份。该气田2013年开始投入生产，每年生产约50亿m³天然气，其中80%通过中缅天然气管道输往中国，20%通过管道沿线的四个分输站在缅甸境内下载。目前，中缅管道沿线已经建成了5座发电厂，已经规划和在建的发电厂还有2座。

根据世界银行2016年的报告预测，"税气田"的稳产期可以持续到2025—2026年，所以曼德勒和中缅管道沿线工业用户的天然气供应同样会面临缺口。

（三）天然气后续资源严重不足

缅甸生产的大部分天然气来自四个海上气田，包括耶德纳、耶德贡、税和藻迪卡。缅甸国内所用的天然气31%来自耶德纳气田、29%来自藻迪卡气田、20%来自税气田，而耶德贡气田生产的天然气全部输往泰国。

缅甸海上新发现的气田有两个。一个是靠近耶德纳气田的巴达苗(Badamyar)M5区块，是耶德纳气田项目的卫星项目，探明可采储量48亿m^3，计划每年生产4.5亿m^3，分10年开采完；另一个是昂信卡（Aung Sinkha）M3区块（靠近耶德纳气田），探明可采储量147亿m^3，计划从2025—2026年开始开采，每年生产14亿m^3，可以开采10年。现有的海上天然气田产量将从2018年的190亿m^3，下降到2030年的140亿m^3，到2040年将不足10亿m^3。

缅甸陆上天然气产量很低，2018年只有5.5亿m^3的产量，占全国总产量的3%。缅甸陆上气田主要位于中央盆地，剩余可采储量为56亿m^3，由缅甸石油天然气公司（MOGE）作业，是缅甸国内天然气供气的补充，2019年生产4.4亿m^3，预计2025年生产2.4亿m^3，呈逐年下降趋势。

第二节　缅甸天然气市场展望

按照天然气消费行业领域划分，缅甸用于发电的天然气占天然气总消费量的72.3%。随着电力需求的增长，在缅甸的替代电力供应来源有限的情况下，天然气的作用和预期需求将继续增加。由于开发新电厂的环境问题和缺乏理想的水力发电地点，发展更多的水力发电电厂变得越来越困难。同样，由于当地社区的公众反对，建设新的燃煤电厂也很困难。缅甸已经尝试安装可再生能源发电系统，但是这样的系统供电稳定性差，不能作为主力电源。天然气发电仍将是缅甸电力供应的最佳方案。

2018年缅甸电力总装机容量为5642MW，其中天然气发电装机容量为2175MW（38.55%）。按照《缅甸国家电力总体规划》，到2030年缅甸电力总装机容量将达到28784MW，其中天然气发电装机容量达到4986MW（17.32%）。这意味着到2030年缅甸需要新增电力装机容量23142MW，其中天然气发电装机容量还需要增加2811MW。电力装机容量的不断提升，增加了对天然气的需求。

缅甸增加的天然气需求有很大一部分将来自工业领域。缅甸正在发展的许多行业是劳动密集型产业，而政府正在推动制造业工业园区的发展，随着基础设施不断完善，这些园区将会新增很多天然气用户，如仰光的迪洛瓦和曼德勒的谬达经济开发区。根

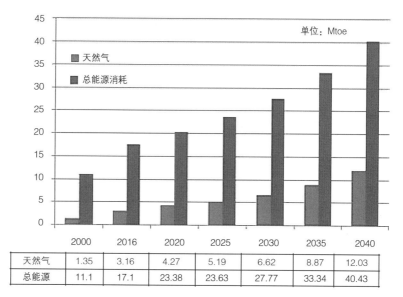

	2000	2016	2020	2025	2030	2035	2040
天然气	1.35	3.16	4.27	5.19	6.62	8.87	12.03
总能源	11.1	17.1	23.38	23.63	27.77	33.34	40.43

图12-1　缅甸天然气需求展望

据缅甸电力和能源部2020年发布的《缅甸能源展望2040》。缅甸总的能源消费将由2020年的20.38Mtoe（百万吨油当量）增加到2040年40.43Mtoe，发电量将由2016年的20.3TWh增加到2040年的89.4TWh。天然气消费量将由2020年的4.27Mtoe（约47亿m^3）增加到2040年的12.03Mtoe（约130亿m^3，参见图12-1：缅甸天然气需求展望）。仰光的天然气消费量将由2020年的23亿m^3增加到2040年的60亿m^3，曼德勒2040年天然气消费量将与仰光持平，接近60亿m^3，随着中缅公路和铁路的建成，曼德勒将成为缅甸最有发展前景的城市。

第三节　天然气新项目开发

无论是仰光、曼德勒还是管道沿线地区，解决天然气资源短缺问题已经迫在眉睫。耶德纳气田和藻迪卡气田减产在即，仰光可以通过减少出口量来实现短期填补天然气缺口，但是出口到泰国和中国的天然气都签订了长期购销合同，减少出口势必会牵涉赔偿问题，所以最现实的方案是建设液化天然气（LNG）接收终端，进口液化天然气。

（一）LNG接收终端的总体布局

2018年1月30日，缅甸电力和能源部批准了四个大型的LNG发电项目。这是一种新的尝试，这四个项目都是所谓的"气转电"项目，即LNG接收设施和燃气发电联合建设。进口的液化天然气大部分将用于电厂，剩余的部分将供应国内管网作为城市燃气使用。

1. 甘包LNG接收站

甘包LNG接收站项目是由法国道达尔公司和西门子公司发起的，是耶德纳气田项目的接替项目，对接在仰光以南220km处的巴达苗（Badamyar）M5区块项目。该项目包括一个浮式LNG和一条450km通往仰光的天然气管道，还将兴建一条230kV的输电线直通仰光。这个项目之所以采用浮式LNG，是因为该地区的水深不足，达不到大型LNG运输船靠岸所需要的水深条件。浮式LNG是一种快速进口液化天然气的有效手段，目前已被一些新兴液化天然气进口国广泛采用。

2. 明林羌LNG接收站

明林羌LNG接收站项目由中国云南能投联合外经股份有限公司及其母公司云南省能源投资集团有限公司集团主导。该项目改变了缅甸电力和能源部原来的浮式LNG船的方案，改建岸基LNG接收终端，设立年吞吐量200万t的LNG接卸码头和LNG储罐以及配套的气化装置，计划采用3台9F级燃气–蒸汽联合循环机组方案，装机容量1460MW。该项目还包括新建110km 230kV双回输电线路送勃生、225km 500kV双回输电线路送仰光，以及相应的配套变电站。

3. 阿弄LNG接收站

阿弄LNG接收站是由意大利和泰国在仰光地区成立的合资公司TTCL以及日本东洋工程公司联合发起的，准备新建一座356MW的燃气发电厂作为其在仰光阿隆镇121MW联合循环发电厂的二期项目。同样由于水深不足，达不到大型的LNG运输船靠岸所需要的水深条件，该项目采用了浮式LNG船的方案。

4. 皎漂LNG接收站

皎漂LNG接收站项目是由中国石油东南亚管道公司、中国石油昆仑能源有限公司和缅甸PPT公司联合发起的。该项目将充分利用中缅天然气管道的输送能力，作为中缅天然气管道的补充气源和应急保障调峰气源，以满足中缅管道沿线和中国云贵地区天然气市场需求。皎漂LNG接收站项目是缅甸电力和能源部规划的4个LNG项目中唯一采用岸基方式建设的LNG接收站。因为在缅甸2000多千米的海岸线上，只有皎漂是天然的深水港，可以停靠30万t油轮。项目计划分两期进行，一期建设2座有效容积为160000m^{3}的全包容式混凝土顶LNG储罐，总储存能力为320000m^3；二期工程将增建1座相同容积的储罐。一期工程还包括配套的LNG装卸码头和气化外输系统。

（二）天然管道的升级改造

作为东南亚最古老的石油和天然气生产国之一，缅甸拥有覆盖全国所有主要需求中心的天然气管网，管网总长度4100km。缅甸既有国内管道网络，也有出口管道。国内管径最大的天然气管道是仰光–马圭管道。这条管道从南到北穿过缅甸中部，从南部向内陆输送来自海上耶德纳气田和藻迪卡气田的天然气。截至2018年9月，只有仰光–瑞当段投入使用，瑞当–马圭段管道由于管道腐蚀泄漏而停止运行。缅甸天然气管道年久失修、腐蚀泄漏的问题并非瑞当–马圭段管道所独有。根据2016年亚洲开发银行评估后报告，缅甸天然气管网中有100多处泄漏，导致天然气管道中15%的天然气泄漏损失。

现有的瑞当–马圭段管道的管径为14英寸，设计输量每年20亿m³，修复瑞当–马圭段管道已经成为缅甸国内天然气物流环节中最紧迫、最重要的问题。根据中国石油管道设计院和缅甸PPT公司的前期研究方案，这条管道全长192km，管径扩大到20英寸，设计压力4MPa，设计输量每年40亿m³。为了解决仰光长期天然气缺口问题，尚需对瑞当–仰光的管道进行升级改造，现有的瑞当–仰光管道的管径也是14英寸，需要升级改造到20英寸。

瑞当–马圭段管道完成升级改造后，缅甸全国的天然气管道就连接成网，向南可以连接仰光–耶德纳气田的海底管道，与缅泰跨境管道实现互联，向北可以与中缅天然气跨境管道互联，实现全国范围内的天然气调配。如果4个LNG接收站全部建成，再建设一条从明林羌到瑞当的天然气管道，那么所有的LNG接收站都将与缅甸全国天然气管网实现互联，为天然气的贸易奠定基础。

（三）城市燃气的开发

据中国石油集团经济技术研究院统计，截至2019年年底，在中国天然气消费结构里，城市燃气、工业燃料、发电和化工的占比分别为37.2%、34.9%、17.8%和10.2%。城市燃气已经坐上了天然气消费的第一把交椅，发电消费排到第三位。而在缅甸的天然气消费结构里，发电和能源工业的占比分别为72.3%和14.2%，真正的工业用气只占3.3%，城市燃气还是一片空白。仰光是缅甸最大的天然气消费城市，2018年仰光的非发电总需求只有2.3亿m³，大部分用于以压缩天然气做燃料的汽车。随着该国制造业的扩张，工业部门的需求预计将快速增长。城市燃气最大需求潜力是工业用户，作为缅甸的经济中心，仰光在工业领域对城市天然气的需求有着无可比拟的潜力。

根据缅甸电力和能源部和东盟东亚经济研究中心2017年共同发布的《缅甸天然气

总体规划》，仰光的天然气消费量将由2020年的23亿m³增加到2040年的60亿m³。随着耶德纳和藻迪卡海上气田资源的枯竭，天然气的缺口将会逐步增加到60亿。曼德勒天然气消费将从现在的每年6.5亿m³增加到2040年的60亿m³。随着上游税气田资源的枯竭，缅甸天然气供给的缺口将会逐步增加到60亿m³。从新的气源引入天然气势在必行，与之相配套的管道基础设施建设必须纳入规划。

按照《缅甸天然气总体规划》，缅甸PPT公司和中国石油管道设计院对缅甸城市燃气基础设施建设进行了预测。结果表明，包括干线管道和城市管网在内的缅甸全国城市燃气基础设施将是一个巨大的工程，管网总的长度将达到4000km，总投资将突破250亿美元。

第四节　天然气新项目开发带来长期互利共赢

随着"一带一路"建设的深入推进，中国和缅甸的经济合作迎来蓬勃的生机。2017年中缅两国就建设"人字形"中缅经济走廊达成共识。这条经济走廊北起中国云南，经中缅边境南下至曼德勒，然后再分别向南和向西延伸到仰光新城和皎漂经济特区，将形成"三端支撑、三足鼎立"的大合作格局。基于缅甸对天然气新项目开发的初步构想，缅甸境内的天然管网也将形成"人字形"走廊。

（一）天然气"人字形"走廊保障中缅天然气管道为缅甸经济发展注入长足动力

随着中缅天然气管道的建成和投入运营，不仅给缅甸带来丰厚的经济效益，也为促进沿线经济发展、带动当地就业和提高百姓生活质量创造了良好的条件。将来随着皎漂LNG接收站的建成，即便上游税气田枯竭，中缅天然气管道仍将持续为缅甸的经济和社会发展作出贡献。

中缅天然气管道在缅甸现有的4个下载点已经带动了管道沿线的投资。中缅管道沿线已经建成了5座发电厂，已经规划和在建的发电厂还有2座，沿线的水泥厂和玻璃厂都是采用天然气作为能源。这些投资为沿线人民提供了众多的工作机会，给国家带来更多的税收。瑞当-马圭段管道的升级改造完成后，中缅管道将在仁安羌分输站与这条管道相接，中缅天然气管道将实现向仰光地区供气，解决这座缅甸最大城市的天然气短缺问题，还将给仰光和仁安羌-仰光管道沿线地区带来更多的投资，给缅甸经济带来新的发展机遇。

（二）天然气"人字形"走廊为中国西南地区的经济发展提供稳定的清洁能源供应

由于西电东送工程的顺利推进，云南省对天然气的需求稍有回落。随着"气化云南"工程的实施，2020年，云南省已经建成通达11个中心城市的天然气骨干输气网络，长输管道总里程达3000km，2020年天然气消费量达32亿m^3；2025年前还将建成通往普洱市、临沧市、版纳州、怒江州的天然气管道，天然气的消费量将达到60亿m^3。该可研报告已经考虑到缅甸进口天然气量的下降趋势，提出合理利用国内外两种资源，建议以中缅天然气管道输送的缅气为启动气源和主力气源，以川渝气区富余天然气和进口LNG作为补充资源，提高中缅天然气管道系统的输送效率。

中缅天然气管道输送的天然气覆盖云南、贵州和广西，由于输量不足，给云南省的下载额度有限，云南省开始协调川气入滇，以满足市场的需求，并鼓励和支持符合条件的省内企业参与海外LNG接收站建设，通过签订长约或现货订购来采购LNG，与管道天然气形成互为补充气源。天然气"人字形"走廊将为"气化云南"工程的顺利实施提供资源保障。

（三）天然气"人字形"走廊为将来的天然气国际贸易打下基础

欧盟是世界上最大的自由化天然气市场之一，每天消耗天然气14亿m^3，进口管道气9.3亿m^3/d，进口LNG1.7亿m^3/d，进口天然气在能源结构中举足轻重，占到能源消费总量的23%左右。欧盟的天然气自给率约为22%，主要依靠进口管道天然气和LNG满足需求。欧洲在2011年就建立了欧洲天然气目标模型，为欧盟管网法规的制定和实施提供指导，这是一个连接不同国家的入口—出口的天然气输送系统，形成统一设计、流动枢纽数量有限的欧洲天然气目标模型。这个目标模型的运行就是一套完整的市场体系，包括市场体系设计、第三方公平准入、容量分配和交易平台建设及监管。天然气托运商与管道公司签订管容使用合同，将天然气输送至不同的市场区域。管道公司提供天然气运输服务，为所有的有输气意向的托运商提供管道容量。入口点是从国内生产、跨界进口、LNG设施或储存设施接收天然气进入管道系统的实际点。出口点是一般区域内的一个实际点或一组实际点，它将天然气输送给系统外的大用户、地方配气公司、储存设施和跨界出口商。部分入口和出口点是双向的。欧盟的成功经验为将来的缅甸天然气"人字形"走廊的天然气国际贸易提供了可借鉴的经验。

管网开发计划和建设是完整的天然气市场体系运行的先决条件。1999年1月1日，东盟能源中心成立。2000年，东盟能源中心推出东盟天然气管道总体规划，出台

2000—2004年东盟天然气管道行动纲要（又被称为第一个5年计划行动纲要）。2002年7月4日，东盟各国在印度尼西亚正式签署了《关于东盟国家之间天然气管道联网项目的谅解备忘录》，旨在建设一个跨东盟的天然气管网。在这个框架协议下，截至2020年已经完成了13条跨境管道的建设，总长度达到3631km，9个总容量为38.75万t的LNG接收终端的天然气进入这个大管网。《2016—2025年东盟能源合作行动计划》表明，东盟认识到拥有第三方开放准入制度以促进区域天然气市场贸易巨大潜力的意义。新加坡液化天然气终端在2016年成为亚洲首个实现开放接入和多用户终端的终端，泰国是第二个获得第三方准入批准的国家，2017年马来西亚获得准入。缅甸有三条通往泰国的管道与东盟的这个大管网相连接，而缅甸境内"人字形"走廊的天然气管网在仰光与三条缅甸跨境管道相接，为缅甸获得了东盟第三方准入奠定了基础。

中缅天然气管道缅甸境内段长793km，在中国境内段干线长1631km，从瑞丽入境中国后，穿过云南、贵州，在广西贵港与西气东输天然气管道相连，接入中国天然气管道主干管网，实现了国产气与进口管道天然气以及进口液化天然气的连接。过去几年，中国启动了天然气市场化改革并取得了较大进展，包括放松价格管制、第三方公平准入和基础设施与销售业务分离等。尤其是2019年12月9日国家石油天然气管网集团有限公司正式成立，实现了管输和生产、销售分开，向着实现第三方公平准入迈出了关键一步。缅甸天然气"人字形"走廊建成后，中国国内管网通过中缅天然气管道在仁安羌与缅甸天然气南北主干管网相连，并通过缅甸天然气南北主干管网在仰光与三条缅甸跨境管道相接，进入跨东盟的天然气管网。这三个大管网的互通互联，将为实现三大管网之间天然气互调的国际贸易打下基础。

第十三章 缅甸石油新市场及合作前景

Chapter 13 Myanmar's New Oil Market

第一节 缅甸石油生产和消费现状

缅甸是世界上最早使用石油的国家之一，1853年在缅甸中部发现了缅甸的第一桶石油。成立于1871年的仰光石油公司（Rangoon Oil Company）是第一家在缅甸开展石油开采业务的外国公司。在1886～1963年间，缅甸的石油工业由缅甸石油公司（Myanmar Oil Company）控制，其于1887年发现了仁安羌（Yenangyaung）油气田，于1902年发现了稍埠（Chauk）油气田。这两个油气田仍在生产。

1963年，缅甸石油公司（Myanmar Oil Company）被收归国有，后更名为缅甸油气公司（MOGE）。缅甸能源部（MOE）成立于1985年，是缅甸石油与天然气产业的主管部门。能源部下设计划司（EPD）、缅甸石油天然气公司、缅甸石油化工公司（MPE）和缅甸石油产品公司（MPPE）。计划司是缅甸能源部的规划部门，负责协调、讨论和制定能源发展计划和能源政策；缅甸石油天然气公司全面负责缅甸国内石油和天然气的勘探开发及天然气管网的建设，缅甸国内原油和天然气的供应及运输也是由MOGE负责；缅甸石油化工公司负责炼化和加工石油及天然气以生产石化产品，如汽柴油、航煤油、LPG、石蜡等；缅甸石油产品公司，负责石化产品的市场推广和分销。2015年能源部与电力部合并，成为电力和能源部（MOEE）。

20世纪80年代，成品油的供应基本上是由政府实行计划配给。2005年政府开始对计划配给制度进行改革，部分取消补贴，将汽油和柴油价格从2004年39.6和35.2缅币/L，提高到330缅币/L，2007年完全取消补贴，汽油和柴油价格分别提高到549.9和659.9缅币/L，引发了民众的强烈抗议。缅甸政府开始出台一系列的改革措施，将成品油供应推向市场，到2010年，政府的273家加油站中有261家被私有化，2012年，汽油和柴油的价格全部放开。截至2017年，缅甸探明石油储量达到6.72亿t，与2017年的87.3万t的原油产量相比，似乎是一个庞大的数字，但是经济上可开采的石油储量却是有限的。按照现有的储采比计算，只够开采21年。换而言之，缅甸可供开采的石油只有1833万t。按照2018年702万t的消耗量计算，仅仅满足2.6年的石油供应量。自2005年以来，缅甸石油产量一直呈下降趋势，2005—2017年间，年均递减5.3%。尽管政府出台了一系列政策，做出了巨大的努力来增加产量，但是石油产量一直在以更快的速度下降。缅甸炼油厂业绩一天不如一天，油源不足，设备故障频发，缺乏升级改造的资金，这些原因均迫使炼油厂减产。

（一）现有炼油厂

目前，缅甸共有3家炼油厂，分别是丁茵（Thanlyin）炼油厂、稍埠（Chauk）炼油厂和丹布亚甘（Thanbayakan）石化厂，设计加工能力分别是2693t/天（约90万t/年）、808t/天（约27万t/年）和3365t/天（约110万t/年），合计约为6865t/d，约合230万t/年（参见表13-1：缅甸炼油厂一览表）。但由于炼厂建设年代较早，装置及设备逐渐老化，技术及管理水平较低，实际运营能力仅为原设计能力的1/3，已无法达到当初的设计值。

缅甸炼油厂一览表　　　　　　　　　　　　表13-1

序号	炼厂名称	产能	投产时间	承包商
1	丁茵炼油厂	COD(B) 1885t/d COD(C) 808t/d	1963 年 1980 年	福斯特惠勒（英国） 三菱重工（日本）
2	稍埠炼油厂	808t/d	1954 年	福斯特惠勒（英国）
3	丹布亚甘石化厂	3365t/d	1982 年	三菱重工（日本）
产能合计		6865t/d		

由于缅甸原油供应不足，炼厂多将原油和天然气田产出的凝析油混炼以生产成品油。根据美国能源信息署（EIA）公布的数据，缅甸2014年生产的成品油99.6万t，2018年只有47.8万t，年均递减已经超过9%。但是，缅甸的石油消费量在不断地增加，2014年消费量468万t，2018年已经攀升到702万t，年均递增率超过了27%。特别是在2016年至2017年间，汽车总量平均增长了8.2%，总消耗量增长了近两倍。缅甸电力能源部和东盟东亚经济研究中心2020年发布的《缅甸能源供应安全研究》报告表明，在近8年的时间内，交通运输领域消耗量增加最快，汽油和柴油消耗量的年均增长率分别为27%和14%。根据经济复杂度观察站（OEC）发布的数据，缅甸成品油进口外汇支出由2015年的19.8亿美元攀升到2018年的29.8亿美元。

（二）成品油区域市场分析

由于缅甸尚未对不同区域的成品油销售进行数据统计，中国石油集团东南亚管道公司于2012年对缅甸成品油市场进行了调研。根据缅甸零售终端市场和地区的人口密度、车辆拥有情况，对区域市场的消费量进行了分析。

仰光是缅甸最大的成品油消耗地区，需求主要聚焦在进口汽油和柴油上：进口汽油主要作为汽车燃料，柴油主要用于工厂运营发电以及供应货车和工程机械的燃料。就零售市场而言，由于缅甸全国60%的轿车保有量都在仰光，因此当地汽油整体消耗量仍大于柴油消耗量。仰光同时还有缅甸全国约40%的卡车（主要使用柴油）。此外，由于两轮摩托车被禁止上路，因此当地对国产汽油需求相对较少。由于仰光的工业十分发达，考虑到工厂发电需求，对柴油的需求也相对较高。仰光国际机场是缅甸境内最大的机场，对于飞机燃料的需求也是最大的。曼德勒省除了曼德勒市以外，其他区域人口密度都相对较低，当地对于柴油的需求量（运输和工业使用）大于国产汽油（摩托车使用为主），且大于进口汽油的需求量。飞机燃料需求量居缅甸全国第二，仅次于仰光，但需求规模可能仅有仰光的1/5或更低。

根据上述数据分析得出的结论是，仰光的汽油消费占全国的比例为60%，柴油占比54%；曼德勒汽油消费占全国的比例为15%，柴油占比27%。2012年柴油与汽油的比例为2.34。综合计算，两个城市的成品油消耗量占比为79.2%。随着城市化进程的加快和家用汽车量的增加，柴汽比会进一步降低，这两个城市的油耗消费比例还会上升。

第二节　缅甸石油市场展望

根据缅甸电力和能源部2020年发布的《缅甸能源展望2040》，缅甸总的能源消费将由2020年的20.38Mtoe增加到2040年40.43Mtoe（参见图13-1：缅甸石油消耗展望）。

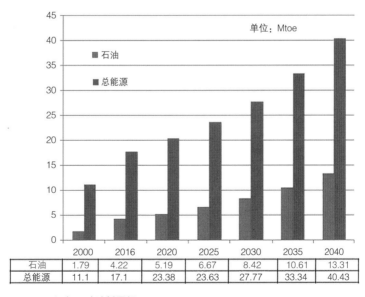

	2000	2016	2020	2025	2030	2035	2040
石油	1.79	4.22	5.19	6.67	8.42	10.61	13.31
总能源	11.1	17.1	23.38	23.63	27.77	33.34	40.43

图13-1　缅甸石油消耗展望

石油用量将由2020年的5.19Mtoe增加到2040年13.31Mtoe，实际的需求量可能比预计的还要高。2018年，缅甸石油的消耗量已经达到702万t，超过了此前对其2025年的预测值667万t。

2013年，缅甸石油对外依存度就已经达到了65%，而且每年以超过5%的速度在递增，2019年已超过93%。缅甸石油对外过度依赖，事关国家能源供应的安全问题，特别是在2011年原油价格突破100美元每桶的时候，进口成品油的支出快速攀升。缅甸政府开始思考国家能源供应的安全问题，立即着手规划丁茵炼厂和丹布亚甘炼厂的整改和扩建，计划将这两个炼厂的产能分别扩大到900万t和300万t，并于2014年向全球二十多家石油公司发出招标邀请。因为丁茵炼厂地处仰光河口，是仰光港的水上运输咽喉地带；而仰光港又承担着缅甸对外贸易90%的货物进出，成品油出港困难。因此，接到招标邀请函的大部分石油公司都放弃了投标，包括中国石油。有兴趣的两家公司在经过权衡之后，最终也选择了放弃，缅甸能源部不得不宣布"无人胜出"。2020年，电力和能源部组织专家专题研究《缅甸能源供应安全》，并在报告中指出，"规划计划司强制性要求缅甸石油公司储备30天的石油，并将出台石油储备法令，如果石油公司不遵守这项法令，能源部将有权要求他们停止商业活动"。

第三节　新炼厂项目开发带来长期互利共赢

炼油厂是一个国家石油化工的基础，石油化工提供的产品不仅仅用作汽车、拖拉机、飞机、轮船等交通运输燃料，部分产品还用作化工生产原料，生产乙烯、丙烯及其下游三大合成材料产品。缅甸2014年9月编制的《能源总体规划》中"石油规划"部分专门提到了中缅油气管道的原油作为缅甸炼厂的原料。当时中缅原油管道尚未投产，《中缅原油管道运输协议》的谈判还未完成。

距离中缅原油管道最近的炼油厂是东南亚管道公司筹建的年加工能力500万t的丹布亚甘石化厂。仰光和曼德勒两个城市的成品油消耗量在2012年就已经超过了全国消费量的79%，丹布亚甘炼厂依江而建，通过伊洛瓦底江水上运输可以直达这两个目标市场。

（一）保障中缅能源安全

丹布亚甘炼厂的兴建将极大地缓解缅甸成品油对进口的依赖，在一定程度上增加国家石油储备，为国家能源安全供应提供一定的保障。根据缅甸电力和能源部2020年发布的《缅甸能源展望2040》，到2025年对石油进口量至少可以降低一半，成品油对外依存度降低50%，到2040年对石油进口量至少可以再降低30%。

战略石油储备是一个国家能源战略的重要组成部分。世界众多发达国家都把石油储备作为一项重要战略加以部署实施。当前存在战略储备与平准库存两种石油储备，战略石油储备是以保障国家石油在战争或自然灾难时不间断供给为目的的，而以平抑油价波动为目的的石油储备是平准库存。根据国际能源机构的研究和规定，成员国应该保持相当于90天进口石油量的储备（包括国家和私营公司储备），但实际上各国的石油储备总量都超过了90天。因为中缅管道尚未打通与缅甸原油管网的连接，所以现在中缅管道首站120万m³的原油储罐还不能作为缅甸的国家石油储备。一旦丹布亚甘炼厂建成投产，开始从中缅原油管道下载原油，中缅原油管道首站120万m³原油储罐就可以成为缅甸的国家石油储备库。当然它也可以是中国的国家石油储备库，这是一个两国可以共享的石油储备基地。按照2025年预计消耗石油667万t来计算90天的储备总量，缅甸大概需要200万m³的储备罐容，在中缅管道首站120万m³的基础上再增加80万m³的储罐就可以满足要求，且首站尚有足够的空间扩建原油储备储罐区。

（二）降低成品油价格

昆明炼厂实际年炼化原油1300万t，年生产乙烯100万t，产品市场辐射整个西南地区，相应带动近1000亿元的下游产业链投资，可带来32亿元的税收贡献。丹布亚甘炼厂500万t炼厂的建成，也将全面带动下游产业链的投资，为人民创造众多的工作机会，为国家带来更多的税收收益。

中缅原油管道是按照投资回报来计算管输费的，输量低，管输费就高；输量高，管输费就低。中缅管道现在的输量是1300万t，在缅甸境内全长为771km，管道首站到丹布亚甘炼厂的距离约200km。按照距离计算管输费，从管道首站到丹布亚甘炼厂的管输费是到中国边境的1/4，以500万年加工量计算，到中国边境的管输费可以降低10%。对中国来讲，这是一笔巨大的收益。当然和新建一条管道给丹布亚甘炼厂供油相比，缅甸方面节约管输费的数量更加可观。

结 语
Conclusion

缅甸濒临印度洋,具有连接中国、东南亚和南亚的区位优势。中缅两国政府和国家领导人高度重视项目在两国关系中的地位,无论是建设期还是运营期,中缅油气管道项目屡屡成为高访期间的明星项目。放眼未来的发展,中缅油气管道像一座金桥,一端连着市场,一端连着资源,将成为新时期中缅合作的重要纽带。

参考文献
References

［1］孙中山.建国方略[M].北京：中国长安出版社，2011.

［2］贺圣达，孔鹏，李堂英.列国志·缅甸[M].北京：社会科学文献出版社，2018.

［3］李晨阳.缅甸国情报告（2020）[M].北京：社会科学文献出版社，2021.

［4］邹春萌，等.新编对缅投资指南[M].北京：社会科学文献出版社，2019.

［5］杨祥章，范伊伊，孔鹏.缅甸外商直接投资法律制度研究[M].广州：世界图书
      出版社，2018.

［6］深圳市东方锐眼风险管理顾问有限公司.缅甸投资与风险完全指南[R].2018.

［7］Asian Development Bank.Myanmar Energy Sector Initial Assessment
      [R].2012.

［8］国际能源署.天然气市场化改革国际经验要点及对中国的启示[R].2019.

［9］苏亚轩.中缅油气管道的意义[J].能源，2018,2:95-96.

［10］杨辉林.中缅天然气管道对西南民族地区发展效益研究——以曲靖段为例
      [D].北京：中央民族大学，2018.

［11］云南省人民政府.云南省国民经济和社会发展第十四个五年规划和二〇三五
      年远景目标纲要[R/OL].（2021-02-09）[2022-11-30].http://www.
      yn.gov.cn/zwgk/zcwj/zxwj/202102/t20210209_217052.html.

［12］WFP.Logistics Capacity Assessments，3.1 Myanmar Fuel[N/OL].
      (2014-11-28)[2022-11-30]. https://dlca.logcluster.org/display/public/
      DLCA/3.1+Myanmar+Fuel.

图书在版编目（CIP）数据

通往印度洋的金桥：中缅油气管道 . 缅甸段 = A
Golden Bridge Leading to the Indian Ocean: The
Myanmar–China Oil and Gas Pipelines
(Myanmar Section) / 陈湘球，韩建强主编 . —北京：
中国建筑工业出版社，2023.8
（"一带一路"上的中国建造丛书）
ISBN 978-7-112-28925-7

Ⅰ. ①通… Ⅱ. ①陈… ②韩… Ⅲ. ①石油管道—管
道工程—对外承包—国际承包工程—工程设计—中国
Ⅳ. ① TE973

中国国家版本馆CIP数据核字（2023）第130762号

丛书策划：咸大庆　高延伟　李　明　李　慧
责任编辑：司　汉　李　慧　李　阳
责任校对：王　烨

"一带一路"上的中国建造丛书
China–built Projects along the Belt and Road

通往印度洋的金桥——中缅油气管道（缅甸段）
A Golden Bridge Leading to the Indian Ocean:
The Myanmar–China Oil and Gas Pipelines (Myanmar Section)
陈湘球　韩建强　主编
*
中国建筑工业出版社出版、发行（北京海淀三里河路 9 号）
各地新华书店、建筑书店经销
北京海视强森文化传媒有限公司制版
临西县阅读时光印刷有限公司印刷
*
开本：787 毫米 × 1092 毫米　1/16　印张：13¾　字数：261 千字
2023 年 9 月第一版　2023 年 9 月第一次印刷
定价：**98.00** 元
ISBN 978-7-112-28925-7
（40853）